会呼吸的建筑
让生活回归**自然**

High Performance Buildings for Life

Life 1 每栋建筑都是有机体，是特灵赋予建筑以 **生命**

Life 2 我们协助业主在建筑的 **全寿命周期** 内获得最大化的价值

Life 3 我们同时用舒适和健康关怀着在每栋建筑中停驻的 **人们**

    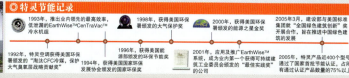

◎ 特灵节能记录

1993年，推出业内领先的最高效率、低泄漏的EarthWise™CenTraVac™冷水机组

1998年，获得美国环保署颁发的大气保护奖

2000年，获得美国能源部颁发的能源之星金奖

2005年3月，建设部与美国标准集团就"全国绿色建筑创新"奖开展合作，旨在推进中国绿色建筑的发展

1992年，特灵空调获得美国环保署颁发的"淘汰CFC冷媒，保护大气臭氧层战略贡献奖"
1994年，获得美国国家环保发展协会颁发的国家环保奖

1996年，获得美国能源部颁发的环保节能奖

2001年，应用及推广EarthWise™系统，成为业内第一个获得可持续建筑工业委员会颁发的"最佳实践奖"的公司

2005年，特灵产品近400个型号通过了国家首批节能认证，占所有通过认证产品数量的75%以上

建设，源于创意、远见。

瑞安房地产隶属香港瑞安集团，为旗下的房地产旗舰。

瑞安房地产

(香港联交所股份代号：0272)

总部设于上海，多年来不断开拓、创新，更以力臻完美的精神，务求接连迈进。迄今，瑞安房地产已在内地多个主要城市建立良好声誉，更陆续投资多项地产业务，执意在中国内地

创建新天地・共寻新理想

瑞安房地產

www.shuionland.com

创建新天地
共寻新理想

上海太平桥地区重建项目

上海新天地

企业天地

翠湖天地 - 御苑

上海瑞虹新城

上海创智天地

杭州西湖天地

重庆天地

武汉天地

大连天地

ARCHITECTURAL RECORD

EDITOR IN CHIEF	Robert Ivy, FAIA, *rivy@mcgraw-hill.com*
MANAGING EDITOR	Beth Broome, *elisabeth_broome@mcgraw-hill.com*
DESIGN DIRECTOR	Anna Egger-Schlesinger, *schlesin@mcgraw-hill.com*
DEPUTY EDITORS	Clifford Pearson, *pearsonc@mcgraw-hill.com*
	Suzanne Stephens, *suzanne_stephens@mcgraw-hill.com*
	Charles Linn, FAIA, Profession and Industry, *linnc@mcgraw-hill.com*
SENIOR EDITORS	Sarah Amelar, *sarah_amelar@mcgraw-hill.com*
	Joann Gonchar, AIA, *joann_gonchar@mcgraw-hill.com*
	Russell Fortmeyer, *russell_fortmeyer@mcgraw-hill.com*
	Jane F. Kolleeny, *jane_kolleeny@mcgraw-hill.com*
PRODUCTS EDITOR	Rita Catinella Orrell, *rita_catinella@mcgraw-hill.com*
NEWS EDITOR	James Murdock, *james-murdock@mcgraw-hill.com*
DEPUTY ART DIRECTOR	Kristofer E. Rabasca, *kris_rabasca@mcgraw-hill.com*
ASSOCIATE ART DIRECTOR	Encarnita Rivera, *encarnita_rivera@mcgraw-hill.com*
PRODUCTION MANAGER	Juan Ramos, *juan_ramos@mcgraw-hill.com*
WEB DESIGN	Susannah Shepherd, *susannah_shepherd@mcgraw-hill.com*
WEB PRODUCTION	Laurie Meisel, *laurie_meisel@mcgraw-hill.com*
EDITORIAL SUPPORT	Linda Ransey, *linda_ransey@mcgraw-hill.com*
ILLUSTRATOR	I-Ni Chen
CONTRIBUTING EDITORS	Raul Barreneche, Robert Campbell, FAIA, Andrea Oppenheimer Dean, David Dillon, Lisa Findley, Blair Kamin, Nancy Levinson, Thomas Mellins, Robert Murray, Sheri Olson, FAIA, Nancy B. Solomon, AIA, Michael Sorkin, Michael Speaks, Ingrid Spencer
SPECIAL INTERNATIONAL CORRESPONDENT	Naomi R. Pollock, AIA
INTINTERNATIONAL CORRESPONDENTS	David Cohn, Claire Downey, Tracy Metz
GROUP PUBLISHER	James H. McGraw IV, *jay_mcgraw@mcgraw-hill.com*
VP, ASSOCIATE PUBLISHER	Laura Viscusi, *laura_viscusi@mcgraw-hill.com*
VP, GROUP EDITORIAL DIRECTOR	Robert Ivy, FAIA, *rivy@mcgraw-hill.com*
GROUP DESIGN DIRECTOR	Anna Egger-Schlesinger, *schlesin@mcgraw-hill.com*
DIRECTOR, CIRCULATION	Maurice Persiani, *maurice_persiani@mcgraw-hill.com*
	Brian McGann, *brian_mcgann@mcgraw-hill.com*
DIRECTOR, MULTIMEDIA DESIGN & PRODUCTION	Susan Valentini, *susan_valentini@mcgraw-hill.com*
DIRECTOR, FINANCE	Ike Chong, *ike_chong@mcgraw-hill.com*
PRESIDENT, MCGRAW-HILL CONSTRUCTION	Norbert W. Young Jr., FAIA

Editorial Offices: 212/904-2594. Editorial fax: 212/904-4256. E-mail: rivy@mcgraw-hill.com. Two Penn Plaza, New York, N.Y. 10121-2298. web site: http://www.architecturalrecord.com. Subscriber Service: 877/876-8093 (U.S. only). 609/426-7046 (outside the U.S.). Subscriber fax: 609/426-7087. E-mail: p64ords@mcgraw-hill.com. AIA members must contact the AIA for address changes on their subscriptions. 800/242-3837. E-mail: members@aia.org. INQUIRIES AND SUBMISSIONS: Letters, Robert Ivy; Practice, Charles Linn; Books, Clifford Pearson; Record Houses and Interiors, Sarah Amelar; Products, Rita Catinella; Lighting, William Weathersby, Jr.; Web Editorial, Randi Greenberg

McGraw_Hill CONSTRUCTION — The McGraw-Hill Companies

This Yearbook is published by China Architecture & Building Press with content provided by McGraw-Hill Construction. All rights reserved. Reproduction in any manner, in whole or in part, without prior written permission of The McGraw-Hill Companies, Inc. and China Architecture & Building Press is expressly prohibited.

《建筑实录年鉴》由中国建筑工业出版社出版,麦格劳希尔提供内容。版权所有,未经事先取得中国建筑工业出版社和麦格劳希尔有限总公司的书面同意,明确禁止以任何形式整体或部分重新出版本书。

建筑实录 年鉴 VOL.2/2007

主编 EDITORS IN CHIEF
Robert Ivy, FAIA, *rivy@mcgraw-hill.com*
赵晨 *zhaochen@china-abp.com.cn*

编辑 EDITORS
Clifford A. Pearson, *pearsonc@mcgraw-hill.com*
张建 *zhangj@china-abp.com.cn*
率琦 *shuaiqi@china-abp.com.cn*

新闻编辑 NEWS EDITOR
James Murdock, *james_murdock@mcgraw-hill.com*

撰稿人 CONTRIBUTORS
Dan Elsea, Andrew Yang, Christopher Kieran

美术编辑 DESIGN AND PRODUCTION
Anna Egger-Schlesinger, *schlesin@mcgraw-hill.com*
Kristofer E. Rabasca, *kris_rabasca@mcgraw-hill.com*
Clifford Rumpf, *clifford_rumpf@mcgraw-hill.com*
Juan Ramos, *juan_ramos@mcgraw-hill.com*
冯彝诤
杨勇 *yangyongcad@126.com*

特约顾问 SPECIAL CONSULTANTS
支文军 *ta_zwj@163.com*
王伯扬

特约编辑 CONTRIBUTING EDITOR
戴春 *springdai@gmail.com*

翻译 TRANSLATORS
孙 田 *tian.sun@gmail.com*
钟文凯 *wkzhong@gmail.com*
王 珩 *gented@gmail.com*
吴宏德 *ramayana.v@gmail.com*
茹 雷 *ru_lei@yahoo.com*
罗超君 *bonnie_qq@hotmail.com*

中文制作 PRODUCTION, CHINA EDITION
同济大学《时代建筑》杂志工作室 *timearchi@163.com*

中文版合作出版人 ASSOCIATE PUBLISHER, CHINA EDITION
Minda Xu, *minda_xu@mcgraw-hill.com*
张惠珍 *zhz@china-abp.com.cn*

市场营销 MARKETING MANAGER
Lulu An, *lulu_an@mcgraw-hill.com*
白玉美 *bym@china-abp.com.cn*

广告制作经理 MANAGER, ADVERTISING PRODUCTION
Stephen R. Weiss, *stephen_weiss@mcgraw-hill.com*

印刷/制作 MANUFACTURING/PRODUCTION
Michael Vincent, *michael_vincent@mcgraw-hill.com*
Kathleen Lavelle, *kathleen_lavelle@mcgraw-hill.com*
Roja mirzadeh, *roja_mirzadeh@mcgraw-hill.com*
王雁宾 *wyb@china-abp.com.cn*

著作权合同登记图字:01-2007-2151号

图书在版编目(CIP)数据
建筑实录年鉴. 2007.02 /《建筑实录年鉴》编委会编.
北京:中国建筑工业出版社,2007
ISBN 978-7-112-09506-3
Ⅰ.建…Ⅱ.建…Ⅲ.建筑实录—世界—2007—年鉴 Ⅳ.TU206-54
中国版本图书馆CIP数据核字(2007)第116197号

建筑实录年鉴VOL.2/2007

中国建筑工业出版社出版、发行(北京西郊百万庄)
各地新华书店、建筑书店经销
上海当纳利印刷有限公司印刷
开本:880×1230毫米 1/16 印张:4¾ 字数:200千字
2007年8月第一版 2007年8月第一次印刷
印数:1—10000册
定价:**29.00元**
ISBN 978-7-112-09506-3
(16170)
版权所有 翻印必究
如有印装质量问题,可寄本社退换
(邮政编码 100037)
本社网址: http://www.china-abp.com.cn
网上书店: http://www.china-building.com.cn

开启绿色节能时代

Green Building & Energy Conservation 绿色建筑节能

2007年9月13-14日　中国　杭州凯悦大酒店

中国在快速的城市化和工业化过程中面临着环境和能源方面的巨大挑战。如何加快推行绿色建筑标准和节能改造，降低建筑能耗，努力建筑业的可持续发展已成为全行业关注的热点。本次大会主题为"绿色建筑与节能：理论，实践，效果"，由全球领先的行业信息公司的美格劳-希尔建筑信息公司和浙江大学共同举办，并得到建设部科技发展促进中心、浙江省建筑节能协调小组和国内外多家行业协会的大力支大会将通过现场讨论会的形式，推动300位中外嘉宾台上台下互动，必将精彩纷呈！

欢迎参加**绿色建筑与节能大会**！2007年9月13日-14日与您相约杭州！

支持单位： 建设部科技发展促进中心、浙江省建筑节能协调小组

主办单位：  **赞助单位：**   EMSI

协作单位：   **媒体合作：**

如有意赞助，请联系：麦格劳－希尔商业信息集团中国区会展经理
周朗小姐： 电话：010-65692957　　Email: lang_zhou@mcgraw-hill.com

McGraw_Hill CONSTRUCTION
connecting people_projects_products

www.constuction.com/event/GreenBuilding/

The McGraw·Hill Companies

ARCHITECTURAL RECORD

建筑实录 年鉴 VOL.2/2007

封面：卡萨-达斯-穆达斯艺术中心，摄影：FG + SG/ Fotografia Arquitectura

右图：苏州博物馆，摄影：贝氏建筑师事务所

专栏 DEPARTMENTS

7 篇首语 Introduction
现代、世俗文化的主教堂
By Clifford A. Pearson and 赵晨

9 新闻 News

专题报道 FEATURES

12 贝聿铭回到他在中国的故乡，为一块敏感的历史地段设计了苏州博物馆 I.M. Pei returns to Suzhou
By Robert Ivy, FAIA

作品介绍 PROJECTS

18 在葡萄牙马德拉岛海岸的卡萨-达斯-穆达斯艺术中心，保罗·大卫创造了一座悬崖边的高台，雕刻成一座空间迷宫 Casa das Mudas Centro das Artes, Madeira, Portugal Paulo David Arquitecto
By David Cohn

28 在击穿了博物馆的基本概念以后，迪勒·斯科菲德奥+伦佛建造了一座真正的博物馆：波士顿当代艺术学院新馆 Institute of Contemporary Art, Boston, USA Diller Scofidio + Renfro
By Sarah Amelar

36 建筑师阿部仁史以耐候钢锻造出一个方盒子，在里头漆上白色，作为收藏雕塑作品的菅野美术馆在日本的新家 Kanno Museum of Art, Japan Atelier Hitoshi Abe
By Naomi R. Pollock, AIA

42 D·利贝斯金德工作室与戴维斯事务所的丹佛艺术博物馆加建项目撼动了丹佛市中心 Denver Art Museum, Denver, USA Studio Daniel Libeskind with Davis Partnership
By Suzanne Stephens

50 UN工作室为斯图加特梅塞德斯-奔驰汽车博物馆设计的三叶草平面与双螺旋流线相结合的方案 Mercedes-Benz Museum, Stuttgart, Germany UN Studio
By Suzanne Stephens

60 伦佐·皮亚诺以一个新入口和一个天光庭院改变了纽约摩根图书馆暨博物馆的性格 Morgan Library and Museum, New York City, USA Renzo Piano Building Workshop
By Victoria Newhouse

68 韦斯/曼弗雷迪用混合了艺术与设计的奥林匹克雕塑公园证明他们是西雅图城市肌理的编织者 Olympic Sculpture Park, Seattle, USA Weiss/Manfredi Architecture
By Clifford A. Pearson

您可以在以下网站找到上列文章：www.architecturalrecord.com 或者 www.construction.com

1. 波士顿当代艺术学院新馆，摄影：Nic Lehoux
2. 斯图加特梅塞德斯-奔驰汽车博物馆，摄影：Duccio Malagamba
3. 奥林匹克雕塑公园，摄影：Paul Warchol

china:Next

是那些力量在推动中国下一波的建筑设计？

怀旧？
金钱？
艺术？
社会公正？

请参加《建筑实录》杂志首次在中国举办的
专业国际研讨会
2007年10月30日，星期二
中国上海当代艺术馆

中国：前景

主办方： **ARCHITECTURAL RECORD**

媒体支持：

《建筑实录》创刊于115年前，是全球领先的建筑设计杂志，目前拥有114,930位付费读者，发行量超过所有其他同类刊物。2007年也是《建筑实录》成为美国建筑师协会（AIA）惟一指定会刊的10周年。自2005年以来，《建筑实录》通过与中国建筑工业出版社合作在中国出版了中文版。

在**中国：前景**研讨会上，《建筑实录》将吸引包括建筑师、设计师、艺术家、电影制片人、规划师和建筑评论员等在内的各行各业的优秀人士齐聚一堂，通过现场即兴讨论和对话，探讨中国将来的建筑设计、艺术和都市化进程。超过15位来自全球各地的知名设计师将作精彩陈述。

报名参会或咨询赞助机会，请致电（8621）2208-0856 李小姐。

www.construction.com/event/

The McGraw-Hill Companies

现代、世俗文化的主教堂
Cathedrals for modern, secular cultures

By Clifford A. Pearson and 赵晨

博物馆代表着我们这个时代的文化雄心，近期的例子展示了多姿多彩的设计方法

对于中世纪的欧洲而言，大教堂物化着主流文化的雄心与价值。这些伟大建筑的设计者们运用石材与玻璃，试图表达他们的宗教奉献和对生死大疑的探寻。飞升的拱券、大胆的塔楼和辉煌的彩色玻璃窗，是这一追求的物证。投入这些建筑的数量非凡的时间、金钱和创作能量今天仍旧打动我们，纵然我们并不与建造它们的人们同持一致的信仰。

正如我们通过研究沙特尔与亚眠主教堂可以明白什么对13世纪的欧洲人是重要的一样，未来的世代也将会理解我们，通过注视最准确反映我们雄心与价值的建筑。一些人或许会说，摩天大楼是我们这个时代的主教堂，因为它们在高度上超越了其他所有建筑，并能产生巨大的财富。但是它们最主要是经济本质的，而对我们文化的更深层方面所言不多。我认为，博物馆才是20世纪与21世纪的主教堂。当想到我们这个时代的地标建筑，我们倾向于聚焦弗兰克·盖里位于毕尔巴鄂的古根海姆美术馆、理查德·迈耶位于洛杉矶的盖缇中心、理查德·罗杰斯和伦佐·皮亚诺位于巴黎的蓬皮杜中心，以及赫尔佐格与德默隆位于伦敦的泰特现代美术馆。如果一座城市想声明其重要性，它就造一座主要的新博物馆或是扩建、维修已有的一座。摩天大楼多半为私有建筑，只对在那里工作的人们开放，而博物馆则是每个人的。博物馆是珍贵人工制品的宝库，它陈列并解说我们最珍视的东西：艺术品、历史和科学。今天每一座主要的城市都有许多摩天楼，可是主要的博物馆不过寥寥几座。所以，博物馆的相对不足更为其增值。

D·利贝斯金德的丹佛美术馆加建，连接着美术馆——1971年由吉奥·庞帝（Gio Ponti）设计的最初建筑，并有助于激活丹佛的市中心区域

对建筑师们的挑战是，找寻有意义的方法，以混凝土、钢和玻璃表达我们与艺术的关系，表达我们与陈列于博物馆中的宝贵物件的关系。纵览本期《建筑实录年鉴》收录的博物馆设计，我们可以看到建筑师们应对这一问题的一些不同途径——从D·利贝斯金德的丹佛美术馆的利边（sharp-edge）表现主义到贝氏建筑事务所苏州博物馆现代化的乡土（modernized vernacular）。由于博物馆通常是城市公共建筑，所以建筑师们也需要联系建筑与其环境：或是在大城市中，或是在郊区社区中，或是在俯瞰大海的悬崖之上。500年后的人们看了这些房子，会对我们作何感想？

中成·国际中港城　一个城市的传奇

ZHONG CHENG · THE NATIONAL CITY OF CHINA & H.K
A LEGEND OF A CITY

国际中港城以世界级的视野把握节能环保产业发展方向，在长三角中心、世界第六大经济商圈核心地位的嘉兴，引入国内首个节能环保类的专业市场--中国节能环保城，与世界携手共创耀世辉煌！

THE NATIONAL CITY OF CHINA & H.K　　　　A LEGEND OF A CITY

●近115万方总建筑面积，时代大手笔谱写世纪造城神话　●25万方国际中港城商贸城，全球视野打造长三角鼎级商业航母　●5万方国际中港城俱乐部，时尚娱乐成就世纪传奇中的先锋地带　●8万方五星级酒店，高达168米的超五星级酒店铸就城市荣耀　●66万方高尚公寓，匹配都市贵族的专属生活区

传奇专线：+86 573 82833788 / 83933788　82868555 / 82868777(销售部)
网址：HTTP://WWW.ZCG.CN　邮箱：E-MAIL:ZCG@ZCG.CN

★展示中心：嘉兴市南湖新区 中环南路　★投资商：香港中成集团　★开发商：浙江中成实业有限公司　★建筑商：浙江中成建工集团有限公司
★建筑设计：香港刘荣广伍振民建筑师事务所　★招商顾问：香港新世界集团·侨乐(中国)公司　★市场推广：华坤灵励整合营销机构 TEL：0571-88212117

新闻 News

纽约的事务所在西安设计了文化公园一角

工作建筑事务所（WORK Architecture Company）是一家年轻的根植于纽约城的设计公司。他们于6月被选中作为设计西安新丝绸之路公园的建筑师之一。去年，这家事务所参加了这个项目的国际竞赛。他们提交了土耳其文化中心的设计方案，这个中心将作为公园的9个元素之一，表达历史上丝绸之路沿途的主流文化。其他被选中的事务所还包括意大利的M·富克萨斯（Massimiliano Fuksas）、挪威的斯内赫塔（Snohetta）、美国的A·普雷多克（Antoine Predock），以及加拿大的大城市工作室（Atelier Big City）。

本次竞赛为土耳其文化设施分配了3.3万m²的面积，却没有要求任何特定的功能。因此，工作建筑事务所的创始人丹·伍德和阿迈勒·安德劳斯通过放置4条平行的时间线开始了他们的设计进程。4条线从东到西穿越了基地，象征了土耳其历史上4个主要的时代：古文化时代、拜占庭帝国时代、奥托曼帝国时代和现代土耳其高加索时代。南北走向的8个被赋予功能的"长条"相对4条时间线垂直安置，分别代表了地域内的重要文化主题。这些有功能的元素以某种特定的建筑类型呈现，如圆形竞技场和剧院（展演主题）、学校（学习主题）、集市（购物主题）、湖边的船坞（休闲主题）、图书馆（档案主题）、健康俱乐部和运动场（锻炼主题）、商队旅馆（居住主题），以及土耳其浴场和SPA（沐浴主题）。

这些设施位于功能长条和时间线的相交处。比如，SPA和浴场在奥托曼和拜占庭的时间线与沐浴功能长条相交的地方产生。在这些地方，建筑师设计了结构上的高峰用来容纳相应的功能设施，最终创造了形如一系列山脉和山谷的复杂建筑形态。伍德

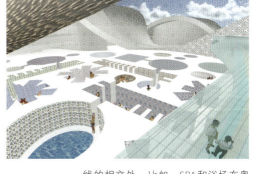

土耳其文化中心（上图）结合了4条时间线和一些特定的设施，如SPA（左图）

说："我们的设计灵感来自于古代建筑物的穹窿和地域内多山的地形。我们将功能表达为一系列逐渐变化的躯壳，在公园里创造一种新的景观，在这里，人们可以流畅地从内走到外，穿越小桥，感受东西方的交融。"

"这个建筑具有非常强烈的形式，使你能立即想像到其内部空间。复杂性来自于室内以及经过建筑空间的体验。我们试图创造一种体验的复杂性，而不仅仅是建筑形态上的怪诞。"伍德这样解释道。

Christopher Kieran 著

溧阳用一个革命性的博物馆建筑纪念新四军

一座关注新四军历史的博物馆（新四军江南指挥部纪念馆）将定于这个秋天开放。该博物馆距南京城外70km，由张雷工作室这个位于南京的优秀建筑公司设计。博物馆将建筑的地域性和有机性结合到一起了。

溧阳是个拥有30万人口的城镇，新四军曾经在此驻足。如今，溧阳市政府发起了这个博物馆竞赛，建筑师张雷赢得了委托。他形容道："博物馆好似一块巨石卧于场地内。"张雷的石头隐喻唤醒了这个地区的历史性景观。在立面和平面上，他同时切割了建筑坚实的形式，在石材的外表面创造了红色的小块断面。这些空洞暗示着当地传统建筑的庭院。张雷

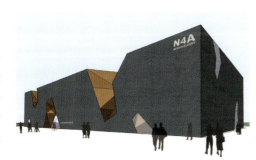

说："切割表达了战争的残酷。"

博物馆将展出新四军的历史。这支军队在上世纪30~40年代同日本帝国主义进行过顽强的战斗。博物馆承办人希望它能成为出生于日占时期结束后的国内新一代的"红色"教育基地。

自2000年成立以来，张雷工作室已经在南京建造了相当数量的成功的建筑项目，这其中包括南京大学陶园研究生公寓、模式动物遗传研究中心办公楼和实验室、建邺体育大厦。工作室还完成了东莞理工学院教工生活区以及芊岱国际青浦展示中心。文化设施方面，张雷正在设计四个小型的私人画廊，其中三个位于南京某工业区，由丧失功能的工厂改建而来。第四个为全新设计的建筑，位于上海，最初的想法是用竹子建造。他的工作室最近还击败了墨尔本的LAB建筑师事务所和巴黎的设计公司奥黛丽·戴克（ODBC）建筑事务所，赢得了5万m²的南京大学新图书馆的设计竞标。

Daniel Elsea 著

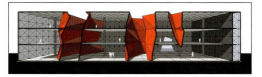

切割建筑的立面（上图）以及室内（左图）表达了战争的残酷

心灵说，"幕墙要设计成绿色。"

理智说，"幕墙要设计得实用有效。"

智慧说，"幕墙要设计得经济省钱。"

CENTRIA FORMAWALL™ 绝缘金属组合幕墙

如今，在世界任何地方都可获得这一自然与经济现实达到完美结合的幕墙。

请访问最新网站 **www.CENTRIAgreenworld.com**，详细了解 CENTRIA Worldwide 所提供的各种建筑解决方案。

让我们携起手来，共同营建一个更清洁、更健康、更节约的世界！

中国：**+86.21.5831.2718**　　迪拜：**+971.4.339.5110**　　新加坡：**+65.6.2276.838**　　北美：**1.800.752.0549**

新闻 News

荷兰与瑞士呈交为上海世博会设计的国家展馆

在离上海世博会的召开还有三年之际，大会组织者和参加展会的各国正在开始呈交他们的主要场馆设计。今年年初，上海世博会规划委员会宣布由同济大学建筑设计研究院负责世博会主场馆设计，该院在延长的设计竞赛中，最终战胜了美国珀金斯·伊士曼建筑设计公司（Perkins Eastman Architects）。挖掘和其他的准备工作已经在位于黄浦江两岸的世博会基地展开。

到目前为止，只有两个国家宣布了他们的国家馆设计者：瑞士与荷兰。今年年初，艺术家约翰·柯梅林（John Kormeling）击败了包括Neutelings Riedijk建筑事务所在内的几家建筑公司，赢得了荷兰馆的设计资格，他们将与名为ZUS（地域都市感知Zones Urbaines Sensibles）的事务所合作进行下一步的工作。与此同时，来自巴塞尔的布赫纳·布隆德勒（Buchner Brundler）建筑事务所和名为元素（Element）的设计公司联合赢得了瑞士馆的设计竞赛。现在，英国馆的设计竞赛也正

艺术家约翰·柯梅林以及建筑事务所ZUS设计的荷兰馆

进入最后的选择，有6家公司在此名单中：Z·哈迪德、约翰·麦克阿斯兰（John McAslan）、马克斯·巴菲尔德（Marks Barfield）、埃弗里联合设计（Avery Associates）、绘制建筑（Draw Architects），以及一个由设计师和雕塑师组成的团队托马斯·席德维克（Thomas Heatherwick）。英国预期在9月份决定最后的赢家。

从目前透露的这两个国家馆的设计图来看，灵感均来自于他们国家各自的地理和地形状况。同时，他们也对可持续发展性与都市对大众的职责这两个概念作出了回应，对当代中国来说非常之中肯。

荷兰馆名为"快乐街"，暗示了这个国家著名的开拓地（围海造地），它建造在架空的街道上，街道循环往复贯穿了整个基地。"（我们的架空展馆）应该看作是对平面化的城市规划和城市扩张的一种批评，也就是说从未来的角度来看，平面化的方式都不是明智与可持续的。"ZUS的克里斯蒂·克尔曼说。荷兰的大部分土地低于海平面，因此这个国家长年以来一直在学习如何创新策略以利用它的土地，并且储存泛滥的海水。克尔曼说："通过卷曲这条街道，我们完成了一个更为令人振奋的城市环境，同时共享了开放景观空间。"沿着街道，柯梅林和ZUS设计了一系列具有典型荷兰风格的小型建筑物，从历史的到现代的，这些建筑物将安置各种展馆的功能，如教育和展览空间。

与此相类似，布赫纳·布隆德勒和元素事务所也以关注瑞士的景观开始他们的设计进程。展馆为架空结构，形状则是瑞士的地图，整个展馆几乎更像是一座欢乐公园，参观者坐缆车从地面层出发，经过一个旋涡，然后穿越屋顶。屋顶将被种植，如牧场一般。"可持续性是瑞士政府带给中国的主要概念。"建筑师安德利·布隆德勒说。2010年世博会将持续6个月，然后，大多数的构筑物将被拆除，希望可以通过一些适合的方式循环再利用。

布隆德勒说："我们倾向于建造非常智能的建筑，即当它们被拆除后

在瑞士馆，一部椅子电梯在人工的景观中悬挂着移动

可以被再利用。"其事务所的计划是设计一个可以吃的立面，直接被人吃掉或者被某种能够分解生物降解材料的微生物吃掉。设计者目前设想使用利口乐的糖果建造形成外部的硬壳。更实际一点儿的话，可以使用坚硬、耐用、无毒的生物树脂。"这是我们必须坚持做的。我们应当对我们的自然环境承担责任。"

至此，世博会规划委员会已担保155个国家和组织的参与，包括美国和世界银行。一些国家将在大小为1000~6000m²的基地中建造他们自己的展馆，而另一些将在若干大型共享建筑中向组织者租赁他们的空间。

世博会，主题为"城市，让生活更美好"，将从2010年5月开幕至10月闭幕，预计将吸引约7000万游客参观。

Andrew Yang 著

贝聿铭回到他在中国的故乡，为一块敏感的历史地段设计了**苏州博物馆**

SUZHOU MUSEUM
Suzhou, China
**I.M. Pei Architect with
Pei Partnership Architects**

一个当代的庭院以花岗石铺地、粉墙以深色勾勒入口和回廊（下图）联系着城市的低平尺度

By Robert Ivy, FAIA 孙田 译 钟文凯 校

对任何关心文脉设计的建筑师而言，苏州展现了艰难的挑战。苏州老城（丝织及贸易中心）建于2500年前的中国水城，位于长江下游、太湖之滨，代表了城市精致生活的顶点——在那里，内合的园林纳须弥于芥子。1997年与2000年，联合国教科文组织指定现存69个高墙围合的园林中的9个为世界遗产地。

现代苏州是一个人口约为600万的繁华大都市。2001年，苏州市长联络贝聿铭先生（FAIA），希望其在一个重要的城市节点设计一座博物馆。基地位于历史街区深处，在城市东北角的两条运河交叉处，邻接一座历史性宫殿，背倚一处尤其敏感的世界级遗产——拙政园（1506～1521年）。贝氏的家族曾是不远处狮子林（1342年）的主人，他曾多次婉拒在其家族的故里设计建筑，但是，现在他觉得时机已到，尤其正值中国的建设热潮。对中国新一代规划师、政府官员和设计师而言，苏州或许可以提供一个历史环境中的当代设计的研究个案。

项目： 苏州博物馆，中国苏州
建筑师： 贝聿铭建筑师暨贝氏建筑事务所——贝聿铭，主设计师；贝建中、贝礼中，主管合伙人；司徒佐，项目主管；林兵，现场建筑师；陈映臻、陈宜君、福井晴子、李如中、马涛、谷村肇，项目组
当地建筑师： 苏州市建筑设计研究院
工程师： Leslie E. Robertson & Associates（结构）；Jaros Baum & Bolles Consulting Engineers（机电）

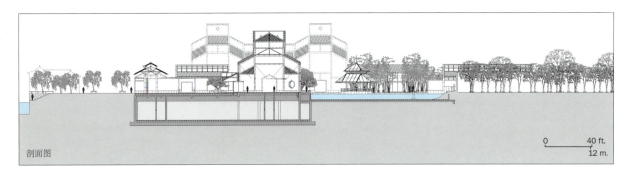
剖面图

庭院平面图

二层平面图

1. 主入口庭园
2. 大堂
3. 楼梯
4. 展厅
5. 拙政园
6. 茶亭
7. 主庭院
8. 现代艺术展厅
9. 紫藤园
10. 茶室
11. 吴门书画厅
12. 办公室

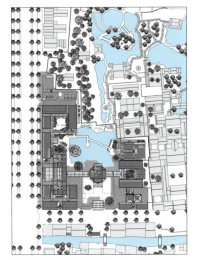

博物馆位于城市东北角历史街区，两条运河交叉处，拙政园南，邻接忠王府（左图）。庭院平面（上图）将展厅围绕着连接拙政园的水面布置

令人生畏的限制定义了项目的边界。首先，这座城市需要一座15万ft²（约14000m²）的博物馆以展出其跨越千年的3万件中国艺术藏品。据官员称，博物馆的设计应反映当代生活，而高度限制则要求新建筑不超过52.5ft（合16m）——邻接现存历史建筑的部分不得超过20ft（合6.1m）。北京清华大学的学者建议建筑师尊重主导的苏州色调——白与灰——这是附近街区葱郁葱茏的园林和街道的背景。

显而易见的限高解决办法，曾被贝聿铭应用于卢浮宫金字塔（1989年），即是将建筑的体量压至地下。苏州地下水位甚高，全城环水，加大了深挖的难度。对开敞空间和绿化的要求增加了解决问题的复杂性，最终的方案予以分别处理：地上2层，地下1层；首层留出大面积空地用作园林。

为了对苏州的遗产作出回应，建筑师在博物馆的核心安排了一个围合的庭园。庭园的重点并不以那些游客熟识的造景元素（盆景、假山、回游路线）取胜，而是展现水、石与天空的单纯

紫藤园（左图）以古藤嫁接新枝（右图）为特色。门窗面向茶亭，形成主庭院的框景（对页图）

美感——更近于唐（618~907年）的老庄哲学，而非后世更为铺陈的习例。

水与拙政园一脉相承，自这座古老园林的后园穿过共用的围墙流入新博物馆的水池，这是一片由一座风格化的园亭点缀的开敞空间。由这股水流汇成的主庭院水池成为定向参照，在院子中多处可见，将天色投射入另一维度。

植物提供了一种神秘的联系。在将一个小庭院布置为紫藤园的过程中，规划师在毗邻的忠王府找到了估计有500年树龄的藤蔓，将其中的10个小枝条嫁接于新植的粗大紫藤花枝。花、影和芬芳将感官刺激带入现时，并使人回想起神秘的过去。

围绕着主庭院，建筑平面勾勒出一翼展厅和一翼管理空间。入口处的八角大堂由定制的吊灯照明，既将主庭院纳入景框，亦鼓励观者转身前行。受保护的展览空间在长廊过道的端头，尺度正宜展示贵族阶层玩赏的代表苏州工艺水平的小而珍贵的物件，包括瓷器、绘画、玉器和木刻。大楼梯背对一面以流水为饰的花岗石墙，拾阶而上，是位于二楼的吴门书画厅。在主庭院的东面，贝聿铭坚持安排了一间展示中国新艺术的现代艺术展厅。

贝聿铭（FAIA）谈苏州博物馆

关于他接受委托的理由："给我们的基地位于最大最著名的园林拙政园旁边，不远处就是一度为我家所有的园林——狮子林。直到1948~1949年，这园子还是我家的。我对这座城市、这片基地有感情。"

关于文脉："我希望它在文脉上是合宜的。（这座博物馆）是低层的，园林和房子一样重要。这两者是关联的，不可分。在这块基地上，我们得做出最大的多样性。"

关于差异，虽然有学界意见："我决定不用瓦，而在屋顶和墙上用石材。这（让我们）创造出一种三维的效果。一片瓦顶是一个水平的平面；你只有两维。（用了石材），或许可以有你在其他情况下做不出的体量变化。"

关于该设计在中国的适用性："我没有忘记，苏州并非中国的典型。你在别处做不了这样的。我并没有试图为中国的青年建筑师们创造一套新词汇。但是，苏州人并没有对此不快。这座建筑属于太湖湖区。"

具有当代感的石材配置使苏州博物馆区别于之前的中国建筑。中国历史建筑世代以来都以瓦作覆顶，在角部起翘，苏州博物馆则以花岗石替代。建筑师称，瓦作易漏且缺乏整体性（uniformity）。在研究了传统建筑的形式和现成的石材色调（包括雨滴石材的色彩效果）之后，贝聿铭的团队选定中国黑花岗石。现在它覆盖着屋面、勾勒着窗户，并为粉墙收头。其效果干脆、明晰，而且无疑非常现代。

贝聿铭亲自参与了工作的每个方面。据贝氏建筑事务所的现场建筑师林兵称，最终贝聿铭与他的两位公子贝建中和贝礼中挑选了每一棵树、每一块石。这一项目在2006年10月6日中秋之夜的庆典中开幕。

材料/设备供应商
室外墙面: Owens Corning
门: Kaba
吸声石膏顶棚: STO
照明: ERCO（室内环境、筒灯、作业灯）；William Artists International（室内环境、室外）；Bega（室外）；Dynalite（控制）
电梯: OTIS
洁具: Toto; Sloan

关于此项目更多信息，请访问 www.architecturalrecord.com 的作品介绍（Projects）栏目

入口大堂(对页左图)的几何母体通贯地面、墙面和顶棚。定做的金属吊灯点缀着面临主庭院水池的窗墙上空。大楼梯似乎悬浮在地上2层与地下1层之间。流水激活了后墙,流入半室内的莲花池(对页右图)。在瓷器展厅(左图)和当代艺术展厅(下图),侧高窗通过模仿传统竹帘的百叶滤光

分析

毗邻世界遗产,建筑师如何建造?对一个强大地方传统的当代回应不断刺激并困扰着设计师们。通常情况下,回答言过其实,然而贝聿铭不在此例。节制所带来的尺度与材料上的合宜、预设的界限以及简明,成为苏州博物馆的特征。

贝聿铭以往的代表作有着几何的明晰感,诸如华盛顿国家美术馆东馆(1974~1978年),或是之前提到的卢佛尔宫,当新一代或许期待着有一件能承续这一明晰感的作品时,苏州博物馆摈弃大胆的形式学,而取一种后现代解构主义(在此后现代与解构主义并不是对立的),潜在的历史主题破为碎瓷,将主导的几何化作适合围合庭院之约束的母题。这样有意为之的结果似乎更关注运动经验,而非巴黎美院传统中习见的对整体的静止的、立面化的纵览。

华盛顿国家美术馆东馆精工细作,关键的细部臻于机械作业所能达到的完美之境,苏州博物馆预算较小,反映的是它在当代中国一个历史城市的中心区位。四面围合,为中国黑花岗石覆顶的粉墙所环绕,整个项目从记忆中的过去抽取母题,并针对21世纪加以简化和重新演绎。

从主庭院的莲池看,片墙和屋面获得了一种尺度上的纪念性,通过深色的花岗石框线,三维感得到强调,甚至夸张。未经装饰的主庭院墙质地朴实,如同体块,有时其伸展超乎预期的比例,这些空间呼唤绿意,可能最终为水生睡莲的填补所软化。

内部,随功能变化的是出人意料的尺度转换:公共区域慷慨的宽走廊有雍容之感,而展厅和室内的庭院则为个人提供或坐或谈的亲密片刻。长廊过道带来了丰富的体验。自然光创造了一个柔和的氛围,甚至在展厅中,光线经高侧窗过滤而下,照在瓷器上,温暖着木墙。六角的视窗取景有度,或借景茶亭,或借景一棵诗意的树。

苏州博物馆代表了贝聿铭在这个中国文化摇篮的文脉中对建筑高度个人化的演绎。这一组建筑有所参照,但并不是直白地承袭前例,它们尊重其环境限制,不过并没有开创新天地。如果说苏州博物馆有时候退回到布景的惯技,这个内合、三维设计的成功之处就在于其无损于极端敏感的环境,同时,亦给新一代中国建筑师提供了一个秉承先例的谦逊榜样——供其反思、争辩、批评、回应,继而谱写他们自己的新篇。

博物馆的入口层构成了一座人工的高台，栖于海岸悬崖之上，切口为带状花池。玄武岩砌筑的巨大平台中的深切口为下沉庭院和光井。楼梯下行至一个中心庭园，由此进入迷宫般的室内空间

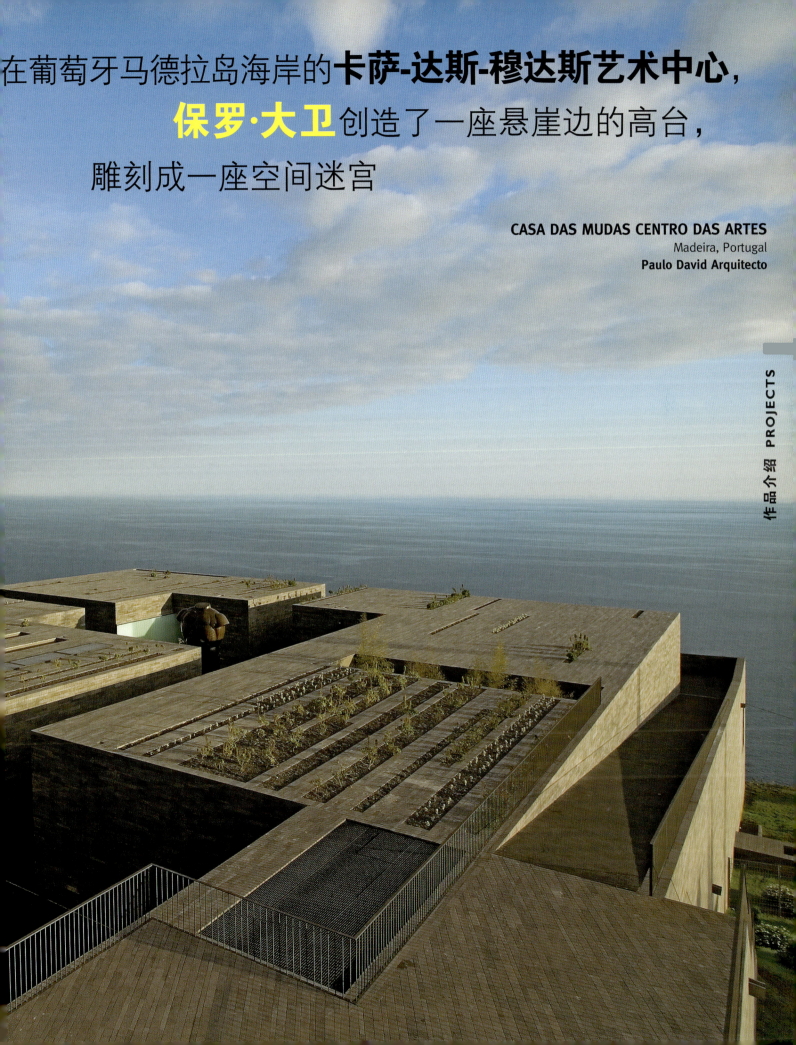

在葡萄牙马德拉岛海岸的**卡萨-达斯-穆达斯艺术中心**，**保罗·大卫**创造了一座悬崖边的高台，雕刻成一座空间迷宫

CASA DAS MUDAS CENTRO DAS ARTES
Madeira, Portugal
Paulo David Arquitecto

作品介绍 PROJECTS

餐厅的露台提供了一处戏剧化的了望大海的场所。现在带状花池(未出现于图中)将露台与入口车道(前景)分开

By David Cohn 孙田 译 钟文凯 校

葡 萄牙马德拉岛上的卡萨-达斯-穆达斯艺术中心高踞大西洋之上600ft的玄武岩岬角，但是从其悬崖之上的入口看，建筑却隐没了。朝向崖边，经过冠以艺术中心名称的16世纪简单房舍，一片广阔的、不可及的玄武岩平台了无修饰地取景大海与远处的海平面。这片石材表面似有神秘的切口若干，而事实上是一行行的带状花池；更深的刻痕则是下沉院落和光井。开车的访客沿坡道下行至入口平台下方的车库时，另可一瞥跌宕的海天景色。

或由车行，或由步行，在这座惊人的人工高台如同迷宫似的考古挖掘现场，艺术中心在人们眼前逐渐展开。进入建筑的路线自入口平台下行（或自车库上行）至一个向天空开敞的中心庭院，在那里，这座新建筑三翼的门厅展开为一幕持续变化的空间舞蹈，由当地建筑师保罗·大卫（Paulo David）娴熟地以狭窄且陡降的楼梯间、开阔的展厅以及突如其来的室外风光编就。

这座植被丰茂的火山岛位于里斯本西南625英里处，距非洲海岸300英里，沐浴在湾流的温暖水流中，自15世纪起就已成为六大洲的贸易交汇地带。偏安于欧洲边远的角落，今天的马德拉岛受益于欧盟的基金，地区政府投资建设了一条海岸公路，扩建了一座机场，刺激了过去10年爆炸式发展的旅游业。

大卫的卡萨-达斯-穆达斯（修复的历史建筑之名，称"聋女楼"，目前用于小型展览）项目亦由欧洲投资实现。他的1.3万ft²（约1.2万m²）的建筑耗资不足2000万美元，位于马德拉首府丰沙尔（Funchal）以西15英里，有助于分散这座岛的文化内容。中心专门展出当代艺术，包括巡回借展20世纪绘画、雕塑的巨大收藏中的部分，并展出马德拉当地慈善家Joe Berardo的摄影作品。大卫曾为里斯本的建筑师Gonçalo Byrne工作，10年前开设了自己的事务所，目前有员工7人。他的其他近作包括在马德拉嶙峋的海岸线上的一座公共浴场和在丰沙尔的一座素朴的密斯式公寓楼。

这座岛屿近于垂直的地形、文化史和迅速的发展都影响了大卫的卡萨-达斯-穆达斯设计。直到20世纪50年代，抵达这块基地还主要靠行船，之后是经由海岸上一条危险的蛇行小路。新建的公路以几十条隧道凿穿这座岛屿的岩石地带。"有了隧道，你走得太快，你迷路了，"建筑师说，"但是我童年的印象是在瞭望口停下来欣赏不寻常的风景、悬崖与山谷。"因此，他决意充分展示这一基地的壮美景象，将其作为自丰沙尔开车前来的访客无法错过的高潮。"建筑必须在山巅，但不能与其争雄"，他说。他的办法是效仿这座岛融合景观与建筑的传统：陡坡上修筑着粗糙的玄武岩挡土墙，房子坐落于狭长的平台之上。建筑师以灰色

建于16世纪的卡萨-达斯-穆达斯（"聋女楼"）立于保罗·大卫的新建筑所在的山丘上方（上图及总平面图）。

这座原初的建筑（中图）现在是当代艺术中心的一部分，为小型展览提供展厅空间

David Cohn是《建筑实录》驻马德里的通讯记者。

项目：卡萨-达斯-穆达斯艺术中心，葡萄牙马德拉岛

建筑师（艺术中心）：Paulo David Arquitecto-Paulo David, 负责人；Rodolfo Reis, Filipa Tomaz, Silvia Arriegas, Luis Spranger, Luz Ramalho, Susanne Selders, Dirk Mayer, Inês Rocha, Patrícia Faria, 团队

建筑师（观演厅室内）：Telmo Cruz, Maximina Almeida, and Pedro Soares, with Hugo Alves, Barbara Silva, Luis Monteiro, Alexandre Batista, 团队

工程师：Betar
景观：Proap
照明：Fernando Sousa Pereira
音响：Certiprojecto
施工总承包：Concreto Plano

中心庭院（本页图与对页两图）位于有绿化的入口平台之下一层，提供去往艺术中心的书店和三个门厅的入口。半透明玻璃上下两条LED光带照亮了书店和门厅。博物馆将展览海报贴于这些发光的矩形的外表面。一些玻璃（不是全部）将光引入室内

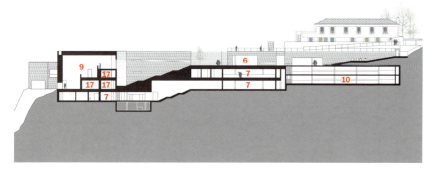

B-B剖面图

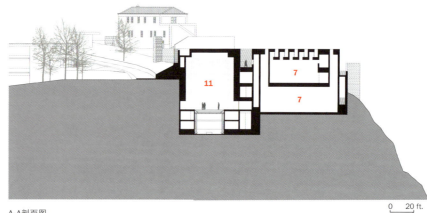

A-A剖面图

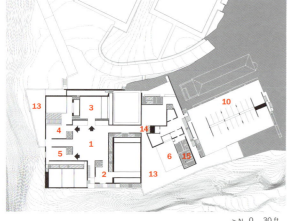

地下层平面图

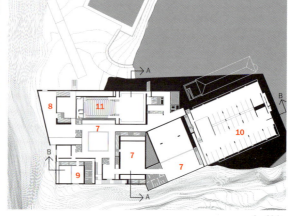

一层平面图

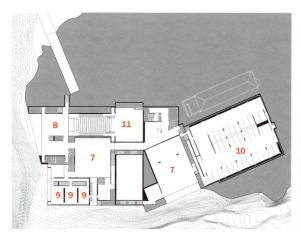

二层平面图

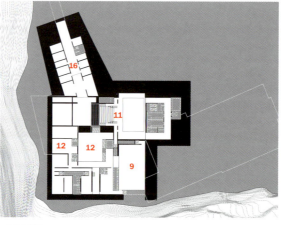

三层平面图

1. 中心庭院
2. 通往展厅的入口
3. 博物馆书店
4. 观演厅入口
5. 图书馆与工作坊入口
6. 餐厅
7. 展厅
8. 观演厅门厅
9. 图书馆
10. 车库
11. 观演厅
12. 贮藏
13. 露台
14. 上面的入口楼梯
15. 厨房
16. 装卸
17. 教室

从入口高台，这座建筑顺坡而下（上方B-B剖面图）。穿过剧场与展览区域的剖面图（上方A-A剖面图）揭示出一座展厅的折板天窗，以及其下的艺术空间周边深深的光井

卡萨-达斯-穆达斯无数的楼梯各异其趣，一些插在两墙之间，另一些就像这一座（顶图）自行独立。展厅借景于令人惊奇的风光（底图）

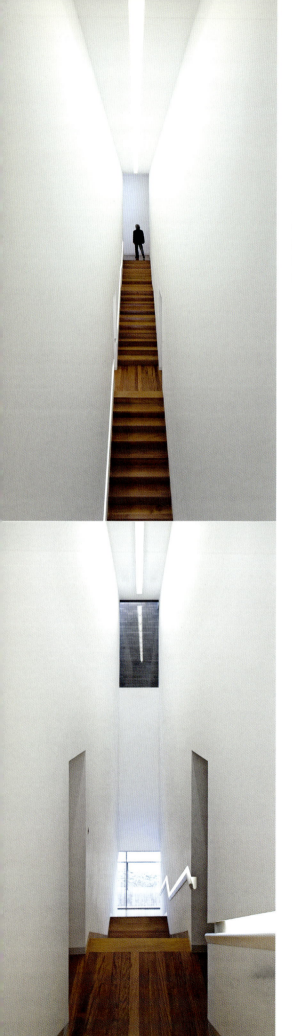

一条长长的直跑楼梯连接着教室一翼的3层。同一条楼梯自下而上观（上图）和自上而下观（左图）差别显著

玄武岩作为建筑的面层，通过薄片、光滑切面、水平条纹和最少的细部处理来强调石材的抽象、雕塑感；1in厚的石材，以干接、砂浆砌筑，覆盖这幢建筑的混凝土墙及混凝土屋面，浮于排水用防水基层之上。虽然出于造价和实用的考虑，玄武岩是从亚速尔群岛进口的，其俊美的质地上仍带有自然生成的微小气孔，与周遭环境颇为契合。

为了将这一偏远之地复苏为当地的聚会地点——大卫所赞赏的诸如伦敦的泰特现代美术馆之类的博物馆所具有的社会功能——建筑师强调了一系列室外的公共空间，包括一座餐厅的露台和在顶部平台上挖出的海滨瞭望台，以及入口附近用于雕塑展示的下沉庭院。

从中心庭院进入，这幢建筑的不同部分——有一系列展厅和一座多功能观演厅的博物馆翼、图书馆-工作坊-教室翼，以及一间书店——可各司其职或联合运作。基于一种混凝土与大跨度钢梁结合的混合结构，大卫得以在博物馆翼中创造出自上而下的一系列四座双层高的展厅，由展览空间之间厚墙内的狭窄楼梯连接——交替着收放感觉。通过高侧窗将日光引入展厅中的两座，以深深的光井照亮最低层的展厅，他将其余的展厅向海岸线下令人屏息的美景打开。建筑师简单地以白墙、巴西金檀木地板、条状排布的暖光日光灯管照明（可根据展览需要调整）处理空间，在楼梯处则使用灯管照明和切割成型的可丽耐扶手。"我们试图除去干扰的嘈嘈切切，于是艺术会成为最重要的东西。"大卫解释说。图书馆-教室一翼跌落3层，狭窄的梯段和开敞的叠进空间面向一片日光明媚的海边露台。在大卫的事务所之外独立执业的建筑师Telmo Cruz、Maximina Almeida和Pedro Soares设计了200座的观演厅室内，用的是暖色布艺的坐席

"我们试图除去干扰的嘈嘈切切，于是艺术会成为最重要的东西。"

和栅格状木墙。

这座建筑最伟大的力量和原创性在于其与自然强有力的相遇。室外的方形基座有着如史前神庙一般的风采，而其纯熟、极少化的细节处理则唤起了古代施工的原始简明性，传达了对海天的敬意。

材料/设备供应商
室外墙面： José Damaso & Filhas LDA
窗： GEZE (钢); Vitrosca (铝)
玻璃： St. Gobain
门： GEZE (入口); Tecompart (防火门、安全格栅门)
五金件： Maury Ann (铰链); FSB (门把手)
吸声顶棚： KNAUF
家具： Vitra (办公家具、桌椅)
电梯： Schindler
卫生间洁具： Catalano (坐便器); Hans Grohe (浴缸、按摩浴缸)

关于此项目更多信息，请访问 **www.architecturalrecord.com** 的作品介绍（Projects）栏目

所有2层高的空间都自上层接纳访客（上图）。灯管在室内排布各异：或在顶棚的周边（上图），或如闪电般嵌于内凹的扶手（对页底图），或成行排在头顶（下右图），或位于木栅格背后勾勒剧场（下左图）

在击穿了博物馆的基本概念以后,
迪勒·斯科菲德奥+伦佛
建造了一座真正的博物馆:
波士顿当代艺术学院新馆

INSTITUTE OF CONTEMPORARY ART
Boston, USA
Diller Scofidio + Renfro

By Sarah Amelar 钟文凯 译 王衍 校

作品介绍 PROJECTS

对于艺术博物馆这一概念本身，建筑师伊丽莎白·迪勒（Elizabeth Diller）和里卡多·斯科菲德奥（Ricardo Scofidio）向来都是心存不敬的怀疑者，因此他们能赢得最近已完工的波士顿当代艺术学院（ICA）新馆的设计委托就显得格外引人注目。然而ICA的负责人吉尔·梅德维道（Jill Medvedow）却敢于承担风险，她的候选人名单曾包括纽约的迪勒+斯科菲德奥，瑞士的彼得·卒姆托（Peter Zumthor）、波士顿的dA工作室（Office dA），以及冰岛的格兰达工作室（Studio Granda）。事实上，她有意寻找此前从未在美国完成过任何一项重要工程的建筑师。要达到这一标准，迪勒和斯科菲德奥完全无需粉饰他们的简历：在20多年的实践中，他们始终充满争议地徘徊在建筑学的理论边缘，仅完成过一项实际的建筑工程［日本岐阜的"滑行住宅"（Slither Housing），2000年］和一个室内设计（纽约西格拉姆大厦（Seagram Building）内的百事丽（Brasserie）餐厅，2000年）。

自公司于1979年成立以来，迪勒+斯科菲德奥（2004年与查尔斯·伦佛成立迪勒·斯科菲德奥+伦佛工作室）不断挑战日常生活中的仪式和空间构成，颠覆了诸如景窗、旅行箱、美国大草坪等根深蒂固的文化符号。他们的作品和言论借助电子技术，以视觉和语言学上反讽的双关语见长，常常栖生于装置和概念艺术、影像或者舞蹈等媒体之中，而非建筑学本身。典型的策略是依靠一种诙谐机智的手段，令观者迅速意识到他们的感观正在被改变，或是行动已被预先编排，从而传达一种尖锐的社会或者公共机构的批评。

即便是在惠特尼博物馆（Whitney Museum）于2003年举办的迪勒+斯科菲德奥回顾展中，两人也部署了一套幽默且反其道行之的装置：安装在轨道上的电动钻头在展厅中四处移动，在博物馆洁净的墙壁上随机地留下杂乱无章的小孔。尽管迪勒和斯科菲德奥与博物馆共同策划了这场回顾他们作品的大展，然而他们一手导演（得到机构首肯）的"叛逆"仿佛是在坚持：你们看，我们仍然是挑发争议的外人——我们并不真的从属于既成体制。

在ICA，建筑师似乎仍然把自己扮演为智力的挑逗者或者思想上的游击分子。但与他们的"模糊建筑"（2002年）——一座外形像自发生成的云朵、除了稍纵即逝的体验和制造雾气的机械以外几乎空无一物的临时展馆——不同的是，面积6.5万ft²的ICA无疑需要围护结构以及对机能和基地限制的详尽解决方案。有70年历史的博物馆原址位于后湾（Back Bay）一座拥挤的前警察局，它将被迁往城市另一头的扇形码头（Fan Pier），这是即将被开发的南波士顿滨水区一块荒凉的、面积21英亩的基地。负责人梅德维道（Medvedow）的首要任

ICA的参观者像是被展示在博物馆的发光盒内（对页图），发光盒戏剧性地向海湾出挑80ft（下图）

摄影：© Nic Lehoux，除非另有注明

项目：当代艺术学院，波士顿
建筑师：迪勒·斯科菲德奥+伦佛（Diller Scofidio + Renfro）——Elizabeth Diller, Ricardo Scofidio, Charles Renfro，负责人

合作建筑师：Perry Dean Rogers Partners Architects
工程师：Arup（结构、水暖电）；Robert Sillman Associates（金属）

建筑师将博物馆的入口斜着藏掖在西南转角（左图）。西立面展示了切过剧场的"折叠"剖面，阶梯观众席的坡面从三层下达二层，然后继续向下延伸至室外的观景台步级（对页图）。"折叠"在这里通过一种出自南美的硬木圣玛丽亚以及喷涂的铝板表述。结构的顶部是北向的光线调节器，凸起在表皮为U形玻璃的悬挑展厅体量的上方（对页图）

务是把所有展厅集中在同一楼层，而难题在于：她需要1.7万ft²的展览空间（用作临时展览和新近建立的永久性收藏），但是用地的可建范围仅为1.6万ft²。

凭着他们一贯的足智多谋，建筑师提出了四个方案，其中之一是用驳船将拆散的展出空间运送到其他的滨水社区。为了最大限度地利用展厅顶部的天光，迪勒·斯科菲德奥+伦佛策动了与波士顿再发展管理局（BRA）的一项交易：ICA将其北面临水的地界向后退让，使城市将来47英里长的"海滨步道"（HarborWalk）中的一段得以拓宽，以此换取建筑物悬挑于滨水步道上空的权利。由此便产生了博物馆顶层（四层）发光、半透明的"悬浮"方盒子，这些天窗采光的展厅迎着海湾腾空而起，非同寻常地出挑80ft，由四道24ft高的巨型钢桁架支撑。

ICA如巨大的潜望镜般升起，镜头挑逗地悬浮于边缘。与水面的联系是方案的关键所在，以至于建筑物的陆路——主要入口——看起来几乎像是背面。除非是乘坐水上出租艇，否则大多数人需要穿越一片停车场的海洋（未来的酒店、居住区和多功能用地，目前正处于开发阶段）才能到达，眼前出现一个没有开洞、由U形玻璃和透明玻璃以及哑光铝板组成的带状构图。入口朴素得好似后门，沿斜向将参观者从西南角带入。

临水一侧，这幢价值4100万美元的建筑物展示了它最为开放灵动的一面。在与BRA进行的交换中，建筑师不仅仅局限于扩宽"海滨步道"并加大了展览空间。他们还想像步行道的隐喻将延伸至建筑物内部，如迪勒所形

容的，像一条单一起伏的绸带那样"将公共和私人领域折叠在一起"。通过连续的表面材料——名为圣玛丽亚（Santa Maria）的造船用硬木——木板路"流"上俯视水面的观景台步级（一个看与被看的场所）。然后木甲板变形为博物馆剧场内的舞台地面和阶梯观众席，继续翻转回来，覆盖着观演厅的顶棚，并再次卷向室外，成为看台上方悬挑体量的下腹。木材的分缝暴露在外，东、西立面基本上等同于剖面。"折叠"已经不算是新鲜的想法，但早在20世纪90年代曾风靡一时，其灵感来自吉尔·德勒兹的著作[1]和对新兴计算机软件的使用癖好。尽管那10年中建筑院校和理论实践中的"折叠"方案层出不穷，实际上却只有为数不多的几个（UN工作室和另外几家事务所）付诸实现。

在建筑物西侧，ICA的皱折富有动感，顺势而下，而在东侧，曲线显得生硬，表现力远为逊色，看起来几乎像是硬套在简单的直角形式上的伪装。据迪勒解释，展开成大看台的形式颠覆了纪念性的门前台阶上升到崇高的艺术殿堂的传统观念。不管ICA低调的入口和转移的"门前台阶"是否真的代表着对体制的反抗（这一点值得商榷），重要的是建筑物对临水环境作出了回应。

在建筑师眼中，海湾的风景"既有吸引力，同时又是一种妨碍，会分散对艺术品的注意力"。迪勒说："一下子把视野打开似乎太过分了——近乎色情，彻底的裸露。"相反，建筑师想像中的建筑物是一件变换视线的器皿，或者是迪勒称之为"打开和关闭环境(context)的阀门"。对于那些相对简

穿过开敞的电梯井和相邻中庭空间的剖面视角（左图）展示了诱人的片断：媒体厅的上层，以及透过垂直桁架可见的室外露台。ICA参考了建筑师以前进行的许多探索。在这里，博物馆内部楼梯间中央的暴露日光灯塔使人联想起迪勒+斯科菲德奥于1992年完成的装置"窥孔，"正如媒体厅（对页图）从"慢屋"方案中吸取了灵感一样

A-A剖面图：剖过媒体厅与室外大看台

单的功能配置——门厅、博物馆商店、餐厅、325个座位的剧场、行政办公室以及展厅，建筑师用它们"编排设计"了舞蹈韵律般的参观ICA的旅程，有意识地控制沿途的视觉重点，正如他们那些有意戏弄感观的概念性作品一样。入口区空间被挤压在剧场翘起的坡面下方，留下了能瞥见海湾的倾斜视角，参观者由此登上房间大小的电梯间，透过玻璃墙和支撑的桁架结构可以环视四周。这些视觉趣味起到分散注意力的作用，电梯滑经不招人耳目、主要为行政办公的二层和三层，到达一个内向、没有窗户的区域：天光（或夜间的灯光）透过北向的锯齿状天窗，经弹性织物顶棚过滤后洒下，照亮两个中性、比例得体的展厅。

景观随即又重新溅射（几乎是字面含义）回"创始人展廊"（the Founders' Gallery）——一条连接两个展览空间的过道。这个环视全景的制高点朝北的一面是一道128ft长、从地面到顶棚的无框玻璃窗（巨型潜望镜的镜头），过厅完全被海湾和城市天际线的景致所占满，带来一种令人屏息的、仿佛悬空于水面之上的感觉。然而这并非建筑师的本意。

他们曾计划给玻璃附上一层凹凸式薄膜[2]，只能透出垂直的视线（角度倾斜时显得模糊），给人一种行走时景物如影随形的快感。然而当博物馆董事会成员和员工参观施工现场时，他们对这里"哇-哇-嗡"[3]的视野大为倾倒，坚决要求玻璃必须是透明的。因此，一览无余的"色情"全景就比原计划提前曝光了（迪勒至今仍对这一戏剧性的次序更改耿耿于怀）。

1. 门厅
2. 坡道
3. 书店
4. 衣帽间
5. 艺术教学实验室
6. 餐厅
7. 备餐
8. 卸货台
9. 展厅
10. 媒体厅
11. 创始人展廊
12. 桥
13. 电梯厅
14. 中庭
15. 设备间

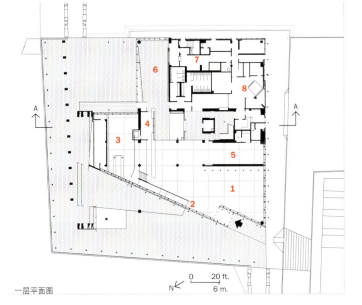

一层平面图

四层平面图

从这里,视线的"阀门"在媒体厅中被拧紧了许多,阶梯座位上的纯平计算机屏幕层层跌落,最下方是最大的屏幕,一个21ftX9.5ft向下倾斜的景窗框取的是一"块"无边无际的、令人晕眩的、出神入化的波纹水面。虽然手法很简单,效果却摄人心魄。

把自己从这些被精心编排的绝佳视野前拽开的参观者可以通过计算机去搜索ICA的藏品。从外面看,媒体厅看起来像是一个投影室或者巨大的活板门,自悬挑体量的底部张开。在内部,这个空间——本身就是一件概念艺术品——可以说是ICA最不寻常的部分,与詹姆斯·特里尔(James Turrell)的作品神似,将辽阔的自然景象转化为框取的、可视的、纯粹的光线或色彩平面。媒体厅也让人想起迪勒+斯科菲德奥未建成的"慢屋"(1991年),本质上是由门扇沿着一根曲线变形为一个观海的景窗,景窗被正在投放海景影像的显示器部分遮挡——从一种控制装置到另一种——被捉弄的观者永远无法将显示器内外的海平线对齐。媒体厅与"慢屋"一样,暗示建筑能成为引起感观的媒介,与影像无异。

如果参观者穿过媒体厅进入下一层的剧场,他们将在观众席的高处重新找回海湾的全景,这一次是透过舞台的背景:两道互相垂直的光滑玻璃幕墙。在这里,室外的观景台步级看起来像是剧场低层的座席,向下邻近真正的舞台——水。再一次地,天际线上的城市姿容变得几乎触手可及(巨大的景窗上还装有幕帘和遮光百叶)。

"创始人展廊"的全景至少和舞台的背景同样令人倾倒,而凹凸式薄膜带来的被风景潜随的经历或许可以提供一种与剧场和媒体厅的鲜明对比,使空间序列变得更为清晰,强化建筑物作为控制视野的阀门的观感。但是添加凹凸式薄膜也可能把ICA完全变成一项智力游戏,一座由一系列出自建筑师之手的理性艺术作品拼成的博物馆,与"普通"展厅里的作品竞争(并大获全胜)。

当然,一经实现,这个装满视觉把戏的匣子便提出了到底是什么控制着人们解读所见事物的问题——也暗指了在20世纪人们所熟知的关于艺术是什么的难解之谜。但是涉及到实际的展览布置,ICA新馆的处理方法却要稳妥得多。"我们一直生活在墙的另一侧从事艺术创作,饱受空间的制约,"迪勒说,"我们希望展厅是中性的,可以重新安排,不经预设。"因此他们把正式的艺术品陈列在合适的、比例优美、光线均匀充足、最终也是中规中矩的空间里。尽管没有从根本上改变我们观赏艺术的体验或者是我们对博物馆是什么的认识,ICA起码实现了一个光线充盈的建筑,它与水面和城市的联系强烈动人。这幢建筑物在某种意义上回顾了该事务所以往的概念性想法,虽然不是观赏艺术的前卫机器,却是一台悬于边缘的观景机。

译者注:

[1] 关于"折叠"的直接来源,可以认为是德勒兹的《褶子》(The Fold, Leibniz and the Baroque)。在此书中,德勒兹讨论了莱布尼兹的巴洛克风格的哲学思想,一切事物都是折起、打开、再折起的。并且他将此讨论扩展到了艺术与科学中。

[2] 凹凸式薄膜是一种在裸眼可视立体图像技术中(autostereoscopic imagery)常用的透明材料,可以使图像从各个角度看上去都不相同。工作基本原理是通过凸透镜的折射光线将各个角度的图像正面地呈现。这是一种建筑师非常喜欢的进行视觉游戏的材料。

[3] "VA-VA-VOOM"最先出现在上世纪50年代的一首歌曲中,当时是用它来模仿引擎发出的噪声。法国雷诺汽车公司曾邀请世界著名的前锋蒂埃里·亨利为其汽车做广告,并在广告中首先使用"VA-VA-VOOM"这个词来形容雷诺汽车的速度。随后词义泛化为令人惊叹的意思。

材料/设备供应商

幕墙: Wausau; Pilkington	(隐藏式中空金属门)
雨帘: Bendheim (玻璃部件); Design Communications (乙烯基塑料部件)	**防火格栅:** McKeon
抹灰: Sto	**顶棚:** Bergamo (织物); Environmental Interiors (铝材支撑系统); Baswaphon; (吸声石膏)
木甲板及顶棚: RDA; Environmental Interiors	**地板:** Robbins Sport (弹性地板); Lonseal
玻璃: Oldcastle	**室内装修:** South Shore, Maharam (装饰)
金属板材: Karas	**剧场:** High Output(装置、幕帘); MechoShade (织物、遮阳、吸彩旗)
门: Oldcastle (玻璃入口); Doorman (推拉门); McKeon (安全门); Total doors	关于此项目更多信息,请访问 www.architecturalrecord.com的作品介绍 (Projects) 栏目

建筑师为策展人提供了根据需要可临时隔断的展览空间。发光的弹力织物顶棚过滤了从北向的光线调节器进入的日光，视觉上如同飘浮在展厅上空（对页上图和中图）。剧场（对页下图）和"创始人展廊"（右图）都打开了面向海湾的全景

阿部精心剪裁的三角窗户和斜窗（本页图）为特定展厅提供照明。他的概念是在保持立方形式整体性的前提下引入日光照明，却不致于将视线焦点引出室外。主入口在最顶层（对页图）

建筑师**阿部仁史**以耐候钢锻造出一个方盒子，在里头漆上白色，作为收藏雕塑作品的**菅野美术馆**在日本的新家

KANNO MUSEUM OF ART
Shiogama, Miyagi, Japan
Atelier Hitoshi Abe

By Naomi R.Pollock, AIA 吴洪德 译 王衍 校

收藏金属雕塑作品的菅野美术馆（Kanno Museum of Art），或者根据附近的小城取名，被称为塩釜雕塑博物馆Shiogama Sculpture Museum（SSM）最终落成为一个刻板的立方体，这个形象和最初将建筑师阿部仁史(Hitoshi Abe)所深深吸引住的那种富于表现力的曲线结构形成了鲜明的对比。这个最新的作品是一个由表面布满了类似防滑金刚石板的图案凹痕的耐候钢（COR-TEN钢材）[1]构成的盒子，其作用是为内部的一组小展厅提供场所。设计灵感来自于异形的肥皂泡，最终却由平面钢板筑成。项目的企划由一位年近古稀的心理医师发起，他喜爱艺术，并急于向世人展示自己的藏品；总计面积2370ft^{2}的展馆是专门用来展出八个小尺度的雕塑作品的，这些藏品大都出自像奥古斯特·罗丹（Auguste Rodin）或是亨利·摩尔（Henry Moore）等西方艺术家之手，此外展馆还为一些当代艺术展提供场所。这位心理医师在日本仙台市郊外塩釜小镇拥有一栋富丽堂皇的自宅，建于30年前，主要采用石料修筑。而阿部的雕塑建筑（仅仅在尺度上与住宅相类）虽毗邻而建，却和这栋住宅或是附近的任何其他房屋都无相似之处。

菅野美术馆坐落于山坡之上，通往它的道路狭窄且迂回，周边点缀着一栋栋乡间别墅、小规模公寓建筑以及星罗棋布的稻田。栖于芳草萋萋的高地并紧靠着早就存在的挡土墙，阿部的这栋以锈迹为色彩的建筑耸起于混凝土基础之上。因地面标高低于道路，这个盒子脱离开四周与之毗邻的高密度建筑环境，独自立。轻松穿过街道，踏上通向美术馆的路径，你需要先穿过一个现浇混凝土地面的小停车场，然后沿户外台阶拾级而上，才能进入它四四方方的体量之中。L形的耐候钢雨篷标志出了主入口，将访客直接带上了美术馆的最顶层。

将世俗的街市景色抛在身后，打开前门就进入了接待区——一个通往拥有和外表同样肌理的魔幻般白色世界的入口。在此，地面延成了墙面，墙面延成了屋顶，唯有艺术品才是一切的焦点。钢楼梯直接向下进入一个展览空间，即是所有三个楼层上的异形展厅所组成的螺旋序列的第一个环节。这些展厅则全部被封装入折疊形体的外壳之中。一路穿过如倾如斧斫的门廊，贴着将三个展示空间界定开来的白色倾斜墙面逶迤而下，我们的旅途终结于建筑的最底层，在这里布置了最大的展厅，是为小剧场演出和装置艺术而备的。从底层可以搭乘电梯返回最高层，将人们带回到循环线路的起点——一个小门厅，透过玻璃地板可以一瞥下面的展厅。但是真正引人注目的，却是一个越过旁边接待区破空而来的三角形天窗，向着海景敞开——这是在作为奇异世界的内部和真实世界的外部之间为数不多的接触点。

和那些经常过度陷于网格坐标及多米诺体系时尚语言不能自拔的普通建筑不同，菅野美术馆有它独特的内部秩序，"比之借助某种绝对的系统，我对借助人之间的关系或者对象之间的关系创造空间的方式更加感兴趣。"阿部这样说。他曾设想过将数学的结构或者别的秩序系统施加到室内设计上，但是最终还是信赖自己的知觉，转向了对肥皂泡的研究。

肥皂泡——彼此相互依赖又相互界定——为他的展厅提供了完美的概念模型（尽管建筑师并不是简单照搬形式，最终未用曲面而是采用了块面来建立展厅形式）。为了在八个雕塑和展示空间之间促生一种紧密的关系，阿部开始绘制一种围绕着每件作品的连续、细胞状的围护形式，没有清晰可辨的水平板面和垂直板面之分。在这个阶段，他评述道，"本质上来说，我们设计的是雕塑与雕塑之间的边界。"

Naomi R. Pollock系《建筑实录》驻东京通讯记者。

项目：SSM/菅野美术馆，位于日本宫城县塩釜小镇。
建筑师：阿部仁史工作室——阿部仁史，主持建筑师
工程师：Oak结构设计公司；Sogo咨询公司
工程总包：鹿岛建设——高桥子鱼

摄影：© 阿野大一（Daici Ano）

阿部最大限度地利用了基地范围，建立起一个立方体，并随之将这些成群的"泡泡"挤入体量之中。通过压缩这些泡泡群体，不仅使边界得以建立，同时也保护了建筑师那脆弱的、直到那一时刻还不稳定的组织系统。随着设计的进展，有些壁垒逐渐被打破，最初在雕塑和空间之间的那种一对一关系发生了形变，变成一个更灵活的组织，能够以多种方式适应临时展览或者展示永久藏品的需要。在钢板体系和转瞬即逝的肥皂泡之间的类比也许并不直接和明显，但是两者都可以同时提供结构和围护。然而，找到在这种情况下利用钢板的理想方式要求一种思维，即如下说法所揭示的——"在盒子之外思考"[2]。"如今人们不再想花费时间去创造了。"阿部如是喟叹。不过他的设计小组，其中包括一名结构工程师和一位曾为他在青叶亭餐厅（Aoba-tei restaurant）项目［见《建筑实录》，2005年9月，第132页］中加工穿孔板的造船工程师，仅仅花了15分钟就设计出了美术馆那独特的、像华夫饼干[3]（waffle）一样的墙面。

无论是在室内或是室外，每堵墙都是由两片钢板背靠背地组成的，钢板的表面以6ft×3ft为网格覆盖着菱形凹痕。在浮雕的钢板焊接处每堵墙都形成了带有气穴的双面屏障，以减少它们之间的冷凝水。最终外墙会被一层柔软的铁锈

室外台阶自小停车场升起，通向主入口，一个L形雨篷标志出了前门（右图）。经由倾斜窗户的光韵的点提，块面状的墙板创造出一个高度雕塑感的室内空间（上图）

美术馆的立方形体以及带有凹痕的耐候钢表面形式与紧邻的住宅形成了鲜明的对照（本图）。外表面趣味盎然的凹痕肌理，包括斜切入墙体的天窗，使展览中的雕塑加入了一场光与暗的微妙游戏（下左图）

1. 入口
2. 展厅
3. 厨房
4. 储藏间

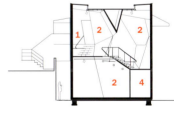

A-A剖面图

B-B剖面图

底层平面图　　中层平面图　　顶层平面/入口平面图

所覆盖，如同穿上了华美的巧克力色外衣。在室内，有些墙表面着了一层不光滑的漆，展示着带有凹痕的肌理，而另外一些则安装了为悬挂艺术作品而准备的墙板。阿部将每个室内表面，甚至连地板和屋顶（大部分都是由波纹钢板夹在平面钢板间构成）内表面都着了白漆，统一了空间的形式，雕塑展品因此成为分离于空间的物质存在。

建筑师能够直接和施工人员一起工作，这栋建筑也几乎全部采用钢材，因此建造过程变得更为简单，质量控制得到了改善，造价也降低了[4]。然而这种方法同时也面临着挑战。由于进入场地的道路比较狭窄，而运输车辆的载重能力也有限，因此不得不先将钢板以小块的形式运入场地，然后再当场进行焊接。但是，如何将所有这些小块完美地拼接起来，即便对于那些熟练掌握了部件预制和安装的造船工程师来说，也依然是个考验。

装配好钢铁外壳并将其转化成一栋实际建筑的任务落到了工程总承包商的头上，从混凝土地基到室内装修面以及窗户安装的一切事务都属于他的工作范围。阿部的意图在于，希望借助向外的开口带进环境光线，同时又不伤害这盒子的完整性，或者说不会让人在室内过多感受到建筑的周边环境。阿部采用了多样的开窗方式，包括一个三角天窗，它斜切入建筑的一边，照亮了地面层；另外还包括一个跨越了几层横切而入的斜窗，以及在员工办公室的墙上设置的可开启带形长窗。带有可调控的轨道设备的窗户突出了展示功能的需要，而线性的光带则点明了展厅墙体交接的部位，可以作为细胞状结构的注解。

尽管菅野美术馆最初只是为一组选定的雕塑而设，但它那看起来似乎是有机的组织规则却极富增生的可能性。"一旦开始做设计，你就不得不做各种规定，"阿部的主张是，"但是，假如这种规定来自限制条件的话，事情就会变得无趣——相比之下，我宁可为追寻'可能性'而设计。"

译者注：

[1] COR-TEN钢材（corrosion-tensile steel）即：耐候抗腐蚀、高拉力之钢料（atmospheric-corrosion-resistant, high-strength steel）的简称。系在普通钢内加入少许铜、铬、磷、钒等元素，并经特殊处理制成。其耐候抗腐性能，较普通钢料高出4～8倍。

[2] "think outside the box"还有另外一层意思，即打破陈规，"另想办法"，这里一语双关。

[3] 一种表面带有小孔肌理的烘制饼干。

[4] 根据日本的实际情况，人工相对比较昂贵，他们用可装配的钢材，固然增加了建材费用，却能够节省大量人工成本，因而能够降低造价。而国内情况则并不相同。

材料/设备供应商

耐候钢板：鹿岛建设

照明工程：东芝；山际；松下电工

电梯工程：三菱 日立

管道设备：Inax；富士设计；Toto；Cera

关于此项目更多信息，请访问

www.architecturalrecord.com的作品介绍（Projects）栏目

尽管作为永久藏品的八个雕塑尺度相对较小，这个内省的、纯白的室内——及其富于肌理的块面状墙体，与异形窗户以及天窗紧挨——给艺术品带来了戏剧性的效果(**本页及对页图**)

丹佛艺术博物馆新建的汉密尔顿大厦位于州议会大厦旁的7.5英亩地基上，与吉奥·庞帝1971年设计的7层北楼相邻。面向这座新建筑的是同样由利贝斯金德和戴维斯事务所设计的居住与停车混合体

D·利贝斯金德工作室与戴维斯事务所的丹佛艺术博物馆加建项目撼动了丹佛市中心

DENVER ART MUSEUM
Denver, USA
Studio Daniel Libeskind with Davis Partnership

By Suzanne Stephens 茹雷译 戴春校

带着闪电的能量，覆盖着钛贴面、碎片形状的丹佛艺术博物馆汉密尔顿（Frederic C. Hamilton）大楼突现在城市的市中心。这座由D·利贝斯金德工作室与戴维斯事务所合作设计的博物馆加建项目恐怕不会那么轻易地赢取诋毁这种"标签"建筑方式，认为它会压倒艺术展示的人们。整座楼内外充斥着破碎的造型、倾斜的平面和尖利的锐角，漫不经心却又明白无误地宣示了它在当前这场有关展示艺术的建筑是否应当消隐成为背景的辩论中的立场。

不过，当博物馆的参观者穿行在一系列展厅中时，他们会发现不少吸引人的展示艺术的平台，甚至这些几何尖角也营造出使人赞叹，而且时而晕眩的景象。除去有关在斜墙展厅内展示艺术的争议之外，这座参差不齐的建筑本身就是在都市主义环境下出奇的精彩手笔。它激活了丹佛市中心一片介于市政中心公园——这里是坐落着科罗拉多州议会大厦的区域，以及一处南临所谓"金三角"的荒废城区，它是正在通过兴建住宅、画廊、商店和饭馆进行精粹化的社区[见《建筑实录》，2006年11月，第21页]。

在布扎艺术（巴黎美院）公园西南端矗立着丹佛艺术博物馆，由意大利建筑师吉奥·庞蒂于1971年设计，他也是DOMUS的创刊编辑。即使在这种前毕尔巴鄂古根海姆时代，博物馆也认为它需要一位有着国际地位的建筑师来吸引大众。这个项目的本地建筑师詹姆斯·萨德勒事务所根据庞蒂1956年在米兰设计的时髦亮丽的现代皮瑞利大厦选择了他的米兰事务所——庞蒂、福尔纳罗利、罗塞利工作室。可是庞蒂在丹佛却做了截然不同的设计：他将两座连接起来的塔楼用反光玻璃片覆盖起来，造出28个面。加上神气的雉堞和许多狭长的窗户，好似一座中世纪的城堡。它得到了"古怪"的称谓。

隔壁隐现着迈克尔·格雷夫斯在1995年的丹佛中央图书馆加建。这是个大尺度的多色鼓形和立方体块的组合，可以说也同样给这个公园增添了"古怪"注解。

基地平面。有着住宅、停车场、广场和博物馆

芭蕾舞的《大碗岛》

当博物馆认定这座7层楼中阴暗的阁楼式楼面已经无法容纳它的6万多件藏品后，就决定向南越过十三大道。这里的1.46万ft²新楼将会有3万ft²的展示空间。为了给这个1.1亿美元的项目（包括现有建筑的翻修和其他开销）筹措资金，丹佛艺术博物馆通过市民投票获准发放6250万美元的债券，然后再通过资金运作从私人资本获得了4700万美元，此外还有6250万美元的私人捐助。

利贝斯金德泛着微光，注目抢眼的营造物呈现为尖角型，被从地面上托起，危险而又动感十足地向不同方向悬挑出去。从二楼伸出的桥连接上庞蒂的旧楼，现在被称为北楼。看上去像是运动式双人舞中的女芭蕾舞者，舒展手臂，拥搂着她的舞伴。

在加建前面，利贝斯金德设计了一个大的广场。广场边是他的博物馆公寓。这是另一座有着55座公寓房、围绕着服务博物馆的1000车位停车场而建的建筑。在博物馆公寓中，垂直线又重新出现（这对摆放家具大有助益）。不少斜角的、覆盖锌皮的碎片从博物馆建筑的涡旋狂舞中飞出，点缀在这座公寓楼上。这些小碎片刚好利用到博物馆的设计主旨，同时又在公寓楼内精确地框出一些宽阔的视点，以便观看它的近邻。由于这个项目的成功，利贝斯金德工作室与戴维斯事务所正在忙于设计同样位于这块基地上的17层住宅与酒店塔楼。

考虑到这里的整体文脉：巴黎美院市政中心、州议会大厦、格雷夫斯的塔司干—后现代建构和庞蒂的后现代主义前兆的开局，你或许会认为利贝斯

项目名称：科罗拉多州丹佛艺术博物馆加建项目——汉密尔顿（Frederic C. Hamilton）大厦

建筑师：利贝斯金德工作室（Studio Daniel Libeskind）与戴维斯事务所（Davis Partnership）——Daniel Libeskind，主创建筑师；Brit Probst, AIA，项目负责人（Davis）；Maria Cole, AIA，项目建筑师（Davis）

结构师：Arup（结构、机械）；MKK Consulting Engineer（机械、电力）；J.F. Sato（结构）

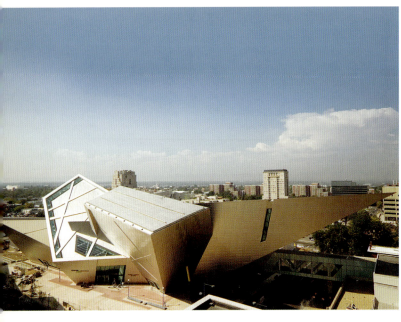

钛覆盖的新建部分的倾斜面在入口广场上方斜伸出来（左图）。在100ft悬挑长臂下的步行桥连上庞蒂的北楼（中图和下图）

金德的庞然大物会给丹佛市中心造成灾祸。讽刺的是，恰恰相反，庞蒂和格雷夫斯的建筑对巴黎美院市政空间而言，从擅闯者变得更加具有整体表演的整合感，而能量与动作都被转移到了后台。随着第三个怪异外表的角色的出场，一种奇特的互动将这个组合体联结起来。

丹佛艺术博物馆在2000年选择利贝斯金德作为其扩建的建筑师。遴选过程包括矶崎新、汤姆·梅因和利贝伯斯金德三位最有希望的竞争者的公开方案汇报。尽管利贝斯金德的柏林犹太博物馆[见《建筑实录》，1999年1月，第76页]给丹佛人的印象深刻，丹佛加建项目必须提供出各种展示空间以容纳大尺度（或者叫"重磅"）临时展览以及博物馆自身的许多当代和现代艺术收藏，还有它的非洲、大洋洲和西部美国艺术收藏。中选之后，利贝斯金德邀请丹佛建筑师戴维斯事务所组成联合设计组。戴维斯的总监布利特·普罗布斯特（Brit Probst, AIA）介绍道，两家公司作为一个组展开工作：概念性的初步设计在利贝斯金德所在的柏林进行，而设计深化和施工阶段则转到丹佛。利贝斯金德工作室的六个人全程驻在戴维斯，当办公室在2002年移到纽约后，往来互访仍不间断。

内部的漩涡

汉密尔顿大厦的入口开向广场，吸引博物馆参观者进入120ft高的中庭。中庭扭曲回旋，戏剧性地呼应了室外的倾斜平面。展厅的墙，利贝斯金德勇敢地夸耀道，同样依从户外的形式。自从贝聿铭的1978年国家画廊东翼的三角形展厅以来（此前是赖特1959年的旋转倾斜环绕的古根海姆博物馆），再没有艺术展示被要求如此彻底地顺从建筑的束缚。

基于博物馆方面的功劳，馆长刘易斯·夏普和他的策展人对这个挑战持开放态度，并且和利贝斯金德一起避免潜在的容器与被容纳物之间的冲突。此外，博物馆的装置设计师丹尼尔·科尔在4层展厅都造出独立隔断以强化建筑的几何感。这个展示系统赋予了不同尺寸的物件和艺术品一个尺度感，而以色彩组群将展览装置和利贝斯金德的白色室内建筑部分区分开来。物件、色彩、装置围合和建筑外层之间的平衡在多数地方是成功的，尤其是展厅正在展示美国原住民艺术的二层部分。有些值得疑问的地方出现在：四层围合展示非洲艺术让人觉得有封闭恐惧症；在二层的西部美国艺术展厅充斥着空白的赭色隔断，欠缺活力。

有些装置从这不同寻常的视线中获得了戏剧化的力量。安东尼·高姆雷长而尖的量子云XXXIII雕塑怪异地占据着四层当代艺术展厅的尖头处，从它旁边的窗射入一道光柱，映衬它抢眼地向上刺着。吉恩·戴维斯的画《魅影纹身》在一个脱开斜墙的垂直平面上飘浮着，强调着它的光学本质。

不幸的是，明确无法对抗的事情之一就是美国残障法案所要求的给建筑中有刺边和尖角的大量部位围上小护栏，以防止残疾人碰触受伤。乍一看这些过度涌现的细小护栏会像是理查德·阿尔施瓦格的某种装置。直到看到它们如此之多以后才会意识到这些是真的。

结构挑战

虽说利贝斯金德引述这个城市远处的洛基山脉作为其建筑的灵感，但是大自然的结构失误可以原谅，比如滑坡；而博物馆却不行。阿鲁普（Arup）洛杉矶办公室，由其总监阿提拉·泽丘鲁为首，会同丹佛项目的主结构工程师埃德温·施勒蒙与利贝斯金德工作室和戴维斯事务所一起探究出一个挑战重力的结构，这里除了电梯核心以外没有可提及的垂直

沿广场的墙面闪烁着夜间照明光。选用钛作贴面是基于其抵抗极端温度的能力

中庭的深色大理石台阶夹持在斜面的白色石膏板墙间。访客由此游览4层展厅（本页图）。从120ft高的空间上层突出，访客可以看到液晶光和镜面盘，这是宫岛达南做的艺术装置，叫做《胭脂》

三层的雕塑天台包括一个唐纳德·贾德的作品，与建筑融为一体（上图）；在四层，安东尼·戈姆利戏剧化了船头式的角落（中图）；二层则包括最大的临时展厅(下图)

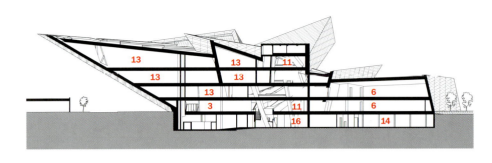

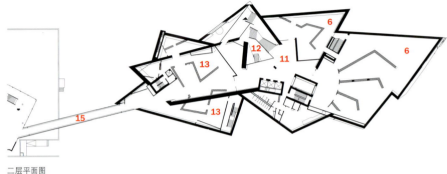

二层平面图

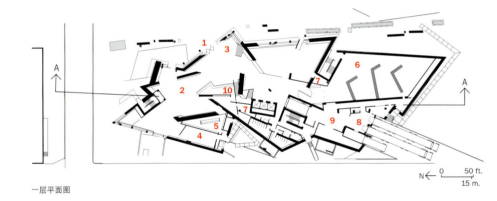

一层平面图

1. 入口
2. 咖啡厅
3. 门厅
4. 厨房
5. 衣帽间
6. 特殊展览
7. 办公室
8. 货物平台
9. 拆装箱
10. 接待处
11. 中庭
12. 贯通的空间
13. 永久展览
14. 艺术储藏
15. 北楼连接桥
16. 演讲厅门厅

元素。鉴于墙面都猛烈地伸开了，由钢梁和混凝土板覆盖在钢承台构成的楼面就必须协助负担侧向以及重力荷载。许多楼面钢梁被用作张力联结，以保持斜坡墙的框架与其窗格式的钢支撑处于平衡。在这些地方，额外的支撑与钢板承担平面剪力。另外，加强混凝土地基的外围挡土墙吸收了从外墙来的横向力。屋顶的斜面和坡面由钢梁、对角支撑和金属承台构成。钢梁不单是支撑屋顶，更作为桁架把倾斜的各个部分连起来。屋顶和外墙覆盖着本地制造的钛面板。利贝斯金德采用钛的理由之一是它在极端的天气状态下非常稳定，膨胀收缩都很小。这是个幸运的选择，凑巧一位博物馆董事是丹佛的钛公司首脑，他捐助了材料。所有的这些结构努力，都必须与供热暖通系统整合成一体。设计组应用的房屋信息模型研究和总承包M·A·莫腾森让这一切成为可能(细节参照ENR, 5月15日, 2006年, 第26页). 各方都说，这个三维的工具——从早期方案阶

大窗洞给中庭引入自然光，平台提供了座位

段开始，不仅仅是发现潜在的冲突——在整个设计阶段涉及几何体的各类问题时，都被证明是绝对必不可少的。

标志的寿命

现在这座建筑闪耀登台了，从任何方面看都是对城市中心精彩和成功的增补。假以时日，会看到它如何适应作为丹佛的女主角。不知展厅是否对于巡回展览有着足够的灵活性？博物馆在初期的喧闹过后还能不能继续吸引访客来到这个地区？为防备多雪的冬季，设计组在屋顶上安装了小的拦坝以防备结冰后的雪滑下斜坡屋顶。这些足以管用吗？现在已经有天窗的漏水问题需要考虑了。

然而更大的问题会是：是否存在一个利贝斯金德表现式的参差不齐建筑的过时期？建筑像其他事物一样有着风格的周期，只是缓慢一些。一些评论家质疑过去几年中涌现的标志性创作将会很快成为白色大象。可是有些极端建筑并没有因为时尚的命运而遭罪：纽约赖特的古根海姆（1959年）或者马歇尔·布罗伊尔的惠特尼（1969年）依旧是它们所处时代的活力的、象征性的宣言。利贝斯金德的博物馆加建有着它具有凝聚力的、直白的奔放，看上去更像是会落入这两座建筑的阵营中。

材料／设备供应商

钛面板：Timet Titanium

幕墙/天窗/窗：EFCO

玻璃：Viracon

吸声顶棚：Hunter Douglas

油漆与涂料：Sherwin-Williams

礼堂座椅：Herman Miller

顶棚里向下照射的小聚光灯：Edison Price

室内环境照明设备：Litlab

关于此项目更多信息，请访问 www.architecturalrecord.com 的作品介绍（Projects）栏目

UN工作室 为
斯图加特梅塞德斯-奔驰汽车博物馆
设计的三叶草平面与双螺旋流线相结合的方案

MERCEDES-BENZ MUSEUM
Stuttgart, Germany
UN Studio

作品介绍 PROJECTS

博物馆位于新近开放的梅塞德斯－奔驰世界，占地37674ft²。其所属总公司戴姆勒－克莱斯勒在斯图加特-下图尔克海姆的总部就在附近，位于市郊

博物馆建于一个与室外圆形剧场贯通的墩座墙上（左图），与戴姆勒-克莱斯勒工厂隔着一条交通干道（下图），墩座墙中还有一个新的汽车销售中心（底部，照片背后）

By Suzanne Stephens　罗超君 译　王衍 校

如果弗兰克·劳埃德·赖特活到现在，他也许会用他的卷边帽换取斯图加特梅塞德斯－奔驰汽车博物馆的设计任务，并很有可能会对UN工作室这个年轻的荷兰设计公司为汽车公司设计的这个拥有炫目螺旋形坡道的钢筋混凝土建筑印象深刻（即便有些勉强）。当然，赖特自己也在1959年设计的位于曼哈顿的所罗门·R·古根海姆博物馆中为艺术品展示专门设计了具有历史意义的混凝土坡道结构。其中实现了螺旋坡道理想，这个理想可以追溯到1924~1925年他设计的一个停车库。然而，惟一一次将这个理想付诸于汽车展示，是在1955年他设计的纽约城公园大道430号捷豹汽车展示厅中，如今这个理想属于梅塞德斯-奔驰汽车博物馆，只不过其中所蕴含的赖特的最初想法已很有限了。

9层高的梅塞德斯博物馆超越了赖特，由两个螺旋形坡道模仿DNA遗传基因链的双螺旋结构组成，设计者为建筑师本·凡·伯克尔和他的同事——艺术史学家卡罗琳·伯斯，以及他们位于阿姆斯特丹的工作室。展示厅100ft的跨度可以展示高吨位的卡车和汽车，宽敞的坡道环绕、倾斜、兼并、混合，各个面层之间互相转换，地面成为墙面，墙面又成为顶棚。在这方面，这座博物馆

项目：梅塞德斯-奔驰汽车博物馆，德国，斯图加特-下图尔克海姆

建筑（设计）师：UN工作室——Ben van Berkel, Caroline Bos

项目负责建筑（建造）师：UN工作室；Wenzel+Wenzel

委托人/施工方：戴姆勒-克莱斯勒房地产公司

布展设计：HG.Merz

工程师：Werner Sobek（结构）

顾问：Arnold Walz（几何形体）；Arup（基础设施）

9层高的钢筋混凝土博物馆以铝板覆面,梯形平面的玻璃窗带采用丝网印刷以降低辐射热量,并作为梅塞德斯汽车收藏的标识。竖向窗棂后面成角度的柱子承载着核心筒传递下来的荷载,并支撑着起伏的外立面

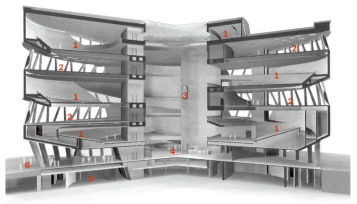

A-A剖面图

1. 历史展示
2. 汽车/卡车收藏
3. 电梯
4. 中庭大厅
5. 走道
6. 入口

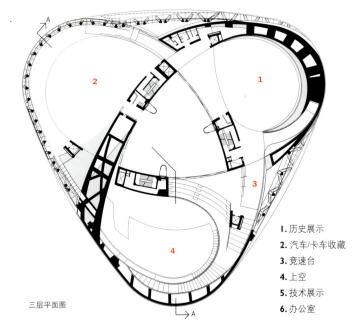

三层平面图

1. 历史展示
2. 汽车/卡车收藏
3. 竞速台
4. 上空
5. 技术展示
6. 办公室

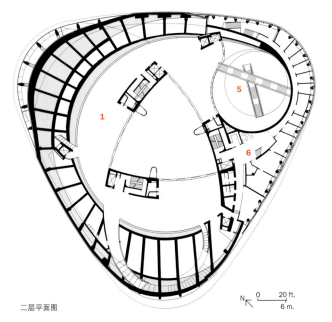

二层平面图

与凡·伯克尔在荷兰海特·库伊（Het Gooi）的莫比乌斯住宅设计密切相关，该住宅建成于1998年。尽管这个玻璃和混凝土的房子是有棱角的而非曲线的，凡·伯克尔还是将平面如著名的单面拓扑模型莫比乌斯环一般折叠。在这个建筑基因库还有很多别的案例，除了由莫比乌斯环发展而来的设计方案外，还有双螺旋结构以及赖特的博物馆和螺旋形停车库。可以这么说，凡·伯克尔与他的团队正在延续这个关于曲面混凝土的重要研究，这正是20世纪中叶除赖特以外的其他建筑师［如乔恩·伍重、埃罗·沙里宁和皮埃尔·卢吉·奈尔维（Pier Luigi Nervi）］也都在奋力追求的。

从赖特的试验到新近开放的梅塞德斯－奔驰汽车博物馆获胜方案，这些年间，许多技术得到了发展。这些进展使UN工作室团队（包括工程师维尔纳·索贝克以及处理几何问题的电脑顾问阿诺德·瓦尔茨）可以设计出这个建筑面积为27万ft²的钢筋混凝土结构，这个建筑远比古根海姆博物馆复杂，建筑面积也有它的7倍大。

在德国，梅塞德斯博物馆位于一个叫做梅塞德斯－奔驰世界的汽车公司所有的区域内，占地37674ft²，该区域邻近其母公司戴姆勒－克莱斯勒在斯图加特-下图尔克海姆的工厂。博物馆旁边就是新的梅塞德斯－奔驰中心，一个方形的被天光穿透的3层高建筑，色泽光滑、端庄优雅的汽车便在那里出售。一条330ft长的过道位于混凝土墩座墙下方，排布着商店和餐厅，将中心与博物馆联系起来。

在深化博物馆方案的过程中，UN工作室与布展设计师HG·默茨合作，默茨与业主一起根据两种不同的主题设计出博物馆布展方案。第一个主题被称为"传奇"，浓缩了梅塞德斯－奔驰公司的120年设计历史；第二个主题是"收藏"，轮替展示一系列梅塞德斯汽车和卡车，包括著名的"教皇之

混凝土浇筑的中庭在某些加工未完成处有些轻微的斑驳,参观者们搭乘电梯(本页图)到达博物馆顶部,然后可以在两条游线中择其一往下走。在连接收藏展示(右页图)的游线上可以向外眺望周围景观

螺旋形坡道围绕着156ft高的中央中庭，博物馆参观者在坡道的不同视点上可以看到各式各样的展品

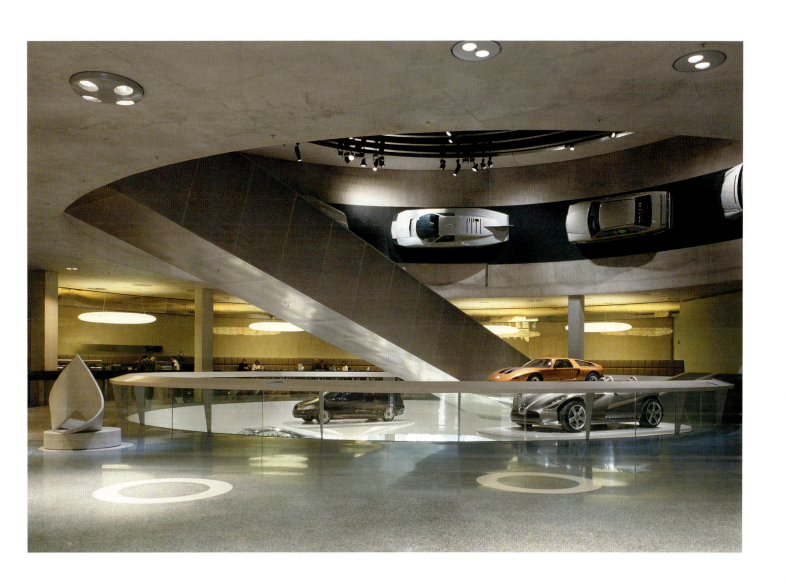

打破记录的汽车展示，固定在竖向墙面上（上图），作为与展示区相连的陡曲面的延续。在这个区域中，实验性的汽车放置在基座上展示，从旁边的咖啡馆里可以看到。在中庭顶部（右图），玻璃顶下方的双层金属网吊顶为整个空间营造出恰如其分的未来主义氛围

收藏展示部分占据1层高的空间,可以眺望室外景观,其中展示的车辆可以根据馆长的意愿进行更换(最上图)。墩座墙下方走道的商店由混凝土建筑联合公司设计

车"(Popemobile);一种小型兰道车(MB Landaulet),它于1965年为教皇保罗六世专门打造。

为了同时表现这两种展示轨迹,UN工作室将一个双螺旋结构与三个层叠的圈构成的三叶草形平面结合起来。建筑师通过将中心镂空创造出一个由三个交通井界定的三角形中庭,使赖特的流线方案得到了改进。参观者可搭乘电梯到顶(九)层交通井之外,与赖特在纽约的古根海姆博物馆于1992年加建之前一样。不同的是,赖特的古根海姆博物馆中只有一条坡道,而这里,参观者可以在两条向下的坡道之间作出选择。在整个行进过程中,参观者可以随时变换路线,因为"传奇"(即公司历史)展示路线与"收藏"展示路线会频繁地交叉在一起。为了区分这两条展示路线,设计团队将历史展示部分设计成2层高,由人工光源照明;将收藏展厅设计成1层高,通过曲面玻璃墙使周围环境的全景一览无遗。

当参观者在博物馆中沿着一个有角度的走道往下逛时,观看展出的汽车和整个建筑的最佳视点似乎也随之不断扩大和缩小。正如凡·伯克尔所言,整个建筑正是为了向博物馆参观者展示而生,并为他们带来惊喜。建筑的空间效果会使习惯于网格系统的参观者感到迷失(在这个螺旋体中我究竟身处何处)。不过,即便人们搞不清是否看到了所有的展示,至少很清楚自己的目的地,那就是往下走直到入口处。

博物馆由铝板覆面,其结构处理所具备的建筑工程优势对赖特和奈尔维

HG·默茨为梅塞德斯汽车120年历史的展示装置设计的2层高的无窗空间

来说只是个梦想。正如索伯克所言:"因为钢筋混凝土需要双向弯曲,内外两面皆暴露在外,所以这是我所做过的最为复杂的混凝土建筑之一。"很明显,中庭里三个竖向混凝土交通井支承着混凝土坡道以及混凝土和钢板楼板。这些楼板由被称为"扭梁"的混凝土箱形梁承重,这些梁还延伸到立面。粗壮的扭梁将部分荷载传递到四足钢柱上,这些看似倒V形构件的钢柱位于围绕建筑一周的曲面玻璃幕墙后方。

我们完全不奇怪梅塞德斯公司没有公布建筑造价。有传闻称其造价高达1.9亿美元。不过,作为汽车制造商的纪念性建筑标识而言,这个价格对委托

工程师维尔纳·索贝克说:"这是我所做过的最复杂的混凝土建筑之一。"

人来说还是明显物有所值的(有趣的是,三叶草平面使人联想到梅塞德斯-奔驰车引擎盖上三瓣形的装饰)。毕竟在这个国度,汽车制造商们深信,在公众心目中汽车设计和建筑设计是不分彼此的。梅塞德斯-奔驰汽车公司的竞争对手宝马汽车公司也已为其在莱比锡的工厂建起一座由Z·哈迪德设计的建筑[见《建筑实录》,2005年8月,第82页],而它的宝马汽车世界由蓝天组设计的汽车销售活动中心也将于明年在慕尼黑对外开放。

这个博物馆有着特殊的意义,不仅因为其结构和设计的独创性,还意味着UN工作室早期的建筑实验被推向了另一个高度。然而这座建筑在显示其历史来源的同时并未身陷其中——对赖特设计的博物馆提出挑战而非抄袭。无论如何,作为一个博物馆,它的成功很大程度上源于在漩涡般的混凝土背景下展示的是汽车——这种具有肌肉感和雕塑感的物体,而不是艺术品,只不过其作为高端汽车博物馆这种建筑类型的特殊性和委托人雄厚的财力才致使这个现代建筑创举得以实现。因此,作为一个悖论,从某种程度上说这个建筑是一次性的,尽管它代表了螺旋形坡道理想进化中迈出的重要一步。

材料/设备供应商
ETFE金属薄膜:Covertex
树脂地面:Bolidt(Bolicoat 50)
磨石地面(商店):R. Bayer
金属吊顶(商店):Gema/Armstrong

关于此项目更多信息,请访问 **www.architecturalrecord.com**的作品介绍(Projects)栏目

摩根图书馆暨博物馆的主入口开向麦迪逊大街,以钢板为面的入口馆两侧是透明的楼梯间

伦佐·皮亚诺以一个新入口和一个天光庭院改变了纽约摩根图书馆暨博物馆的性格

MORGAN LIBRARY AND MUSEUM
New York City, USA
Renzo Piano Building Workshop

By Victoria Newhouse　孙田 译　陈恒 校

伦佐·皮亚诺已成为当代艺术博物馆垂青的建筑师。从广受赞誉的巴黎蓬皮杜中心（1977年与理查德·罗杰斯合作）至今，他已完成了10项博物馆工程，另有5项正在进行中。他的展览空间具有宁静的特点，从不与身在其中的艺术抢戏，他对日光的控制能力几近传奇。而现在，博物馆加建项目的种种特质却使这位建筑师要想做到这样的标准变得越来越难了。

由Beyer Blinder Belle担当执行建筑师（executive architect）、最近在纽约对公众开放的摩根图书馆暨博物馆，以及此前不久对公众开放、由Lord, Aeck & Sargent担任执行建筑师［见《建筑实录》，2005年11月，第130页］的亚特兰大海伊艺术博物馆，是伦佐·皮亚诺建筑工作坊（Renzo Piano Building Workshop）两项首批重要的博物馆扩建工程。这两个项目展示了工作意图的差异，以及由此带来的结果的不同。

摩根的信托人想要大型公众博物馆目前偏好的那类流行设施，就其扩建而言，则需占地7.5万ft²（合6967.73m²），耗资1.06亿美元。为了增加一间280座的会堂、新的库房、更多的展厅、一间新的阅览室、一间扩大了的商店、一间咖啡厅和一座风雅的餐厅，太多的东西被挤到了这块紧凑的42314ft²（合3931.14m²）的基地上。考虑到信托人不愿去建一幢塔楼，皮亚诺自地面下掘65ft（合19.81m）安置会堂和尖端科技的库房。地面之上，Beyer Blinder Belle 负责整修与复原；皮亚诺以其惯常的优雅来处理加建，但是在此过程中，将这一历史性的私宅博物馆转换成了一座四平八稳的专门设计建造的博物馆。

在亚特兰大，海伊要求在理查德·迈耶1983年的现代主义建筑旁加建用于陈列当代艺术的17.7万ft²（合16443.84m²）画廊，皮亚诺的回应是一座造价1.1亿美元的新的美观的文化校园。皮亚诺的两座艺术馆和一座行政中心保持甚至强化了海伊的个性。

Victoria Newhouse是一位建筑史学家。她修订并扩展的1998年专著《走向一种新的博物馆》（Towards a New Museum）由Monacelli 出版社于2006年10月出版。

在摩根于1880~1904年间购入的三幢褐砂石屋宅中（右图），而今仅存位于第37街街角的一幢，曾为摩根之子小摩根所居。1993年，Voorsanger & Mills的花园庭院（右下图）联系着褐砂石房子和 Benjamin Wistar Morris于1928年所作的加建

项目： 摩根图书馆暨博物馆，美国纽约城

设计建筑师： 伦佐·皮亚诺建筑工作坊——Renzo Piano, Giorgio Bianchi, Thorsten Sahlmann, Kendall Doerr, Yves Pages, Mario Reale, Alex Knapp, 设计团队

执行建筑师： Beyer Blinder Belle Architects——Richard Southwick, 负责合伙人; Michael Wetstone, 项目经理; Rob Tse, 项目建筑师(新建筑); Frank Prial, 项目建筑师 (历史建筑); Yuri Suzuki, Joe Gall, Meghan Lake

工程师： Robert Silman Associates (结构); Cosentini Associates (机电管线)

顾问： H.M. White Site Architects (景观); Ove Arup and Partners (照明); Kahle Acoustics and Harvey Marshall Berling Associates (声学); Front, Inc. (外围护); Jablonski Berkowitz Conservation (保存); Imrey Culbert (展示设计); Pentagram (标志与平面设计)

项目总监： Paratus Group

施工经理： F.J. Sciame Construction Company

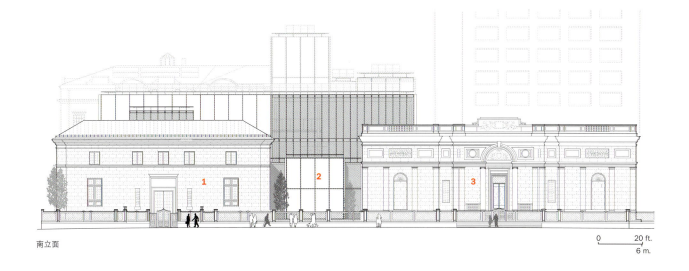

南立面

A-A剖面图

B-B剖面图

1. 1928年加建
2. 展览"立方体"
3. 由McKim,Mead和White设计的图书馆
4. 中央庭院
5. 咖啡厅
6. 员工入口
7. 装卸
8. 管理
9. 装订
10. 办公室
11. 表演厅
12. 设备
13. 公众活动
14. 大堂/展厅
15. 展示
16. 存储
17. 阅览室
18. 藏品库
19. 藏品保护
20. 零售

皮亚诺设计了一个立方体展览空间（顶部立面图的中心）连接由McKim, Mead 和White的Charles McKim设计的原初图书馆（立面图右部）和由Benjamin Wistar Morris设计的1928年加建（立面图左部）。中央庭院（右图和对页图）使用了高透明度的超白玻璃，以展现历史建筑的风姿。为避免对这个综合体增加过多高度，皮亚诺将表演厅和库房置于地下65ft处（剖面图）

三层平面图

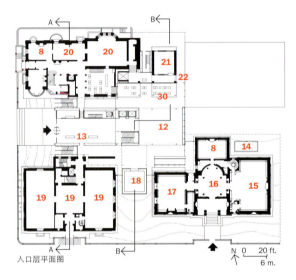

入口层平面图

皮亚诺创造了一个从中央庭院进入的立方体展厅(右图)。中心庭院，仿佛一座意大利广场，连接着由Beyer Blinder Belle维修和复原的历史建筑（右下图）

地下一层平面图

1. 员工存物柜
2. 设备
3. 保安
4. 餐饮
5. 后台
6. 表演厅
7. 参考书架
8. 公众活动
9. 备餐/回旋空间
10. 贮藏
11. 摄影
12. 中央庭院
13. 问讯/票务
14. 应急发电机
15. McKim图书馆
16. McKim圆厅
17. J·P·摩根的书房
18. "立方体"展厅
19. 整修后的展厅
20. 商店
21. 卸货
22. 员工入口
23. 阅览室
24. 编目
25. 出版物
26. 注册处
27. 计算机办公室
28. 阳台
29. 零售办公室
30. 咖啡厅

在亚特兰大与纽约这两座城市中，皮亚诺以玻璃和钢的建筑连接已有的建筑，在两个项目中都围绕中心广场重新定向。在两个项目中，并且都以相似比例的矩形米白钢板为饰面。这一材料同迈耶的正方搪瓷板相得益彰。在纽约，它和砖石建筑的结合相比较之下则略为逊色。

摩根位于近曼哈顿中城（Midtown）的一个居住区，给皮亚诺带来了处理三幢地标建筑的挑战：由McKim, Mead 和 White的Charles McKim为银行家J·P·摩根设计的大理石图书馆于1906年落成，面对第36街；低调一些的1928年大理石加建部分承袭以往，由Benjamin Wistar Morris 设计，位于第36街和麦迪逊大街的交角处；麦迪逊大街与第37街上的褐砂石华厦由Phelps Dodge & Co.的Isaac N. Phelps Stokes于1852年建造，日后为摩根之子及其眷属所居。皮亚诺以52ft（合15.85m）高的围合中庭联系这三者，在两幢20世纪建筑中插入一个20ft（合6.01m）高的方盒子，在第37街加建一幢4层的办公楼，底层为装卸台，外加二楼为展览空间而顶层是一个新阅览室的入口馆。

摩根的馆长们允许皮亚诺拆除所有1928年之后的加建，特别是Voorsanger & Mills在1991年完成的部分，它曾以一个波状玻璃拱顶的小型花园庭院联结旧有的图书馆建筑和褐砂石华厦。虽然这个庭院缺乏皮亚诺中庭的戏剧性，但它有相当的魅力，并保持了博物馆在第36街的原初入口。

现在，一座新的阅览室占据着入口馆的顶层（三层）。皮亚诺出名的顶光照明漫射于这个以木板为饰的空间。原来位于1928年加建中的阅览室已被改为展厅

皮亚诺的中庭把新的综合体联系在一起。因为摩根的绝大多数藏品对紫外线敏感，日光照明只局限于一个展厅中：小的顶光照明的立方体。图书馆的善本、手稿和图纸藏品展示于光线柔和的人工照明展厅中。对于它们，所有能说的就是：它们比例合宜，完全适用。更有趣的是有着皮亚诺招牌顶光照明的新阅览室。

于是，并不是一个展厅，而是通高仓库空间状的中心汇聚地显示出皮亚诺处理日光和创造难忘空间的技巧。这个中庭纵然美妙，可是它所归属的现代主义博物馆类型与这片曾经的私家飞地确是迥然不同的。诚然，它是娴熟之作，可事实上，它不过是无益艺术的巨型入口大堂的无尽系列中的一个较

并不是一个展厅，而是通高仓库空间状的中心汇聚地显示出皮亚诺处理日光的技巧

小版本。这个系列始于1978年贝聿铭的国家美术馆东馆，1989年贝在巴黎的卢浮尔宫又重复一次，赫尔佐格与德默隆的伦敦泰特现代美术馆、安藤忠雄的沃思堡现代艺术博物馆（Modern Art Museum of Fort Worth）、谷口吉生的纽约现代艺术博物馆概在其中。这些设计中的每一项定下的是企业的基调，而非文化的基调，并且有导致艺术体验趋同的危险。

从前，摩根图书馆的访客从第36街上的1928年加建的主入口进入大理石厅的瞬间，便沉浸于摩根自己的特殊世界及其遗产之中，甚至入口通道和楼

52ft高的中心庭院几为玻璃所筑,包括电梯、楼梯踢面和天窗(右图),以创造一个借助周围景物(诸如毗邻的Emery Roth设计的20世纪50年代公寓)的光线充盈的空间。表演厅(下图)立于岩床之上,是向地下爆破65ft的产物,其室内排布着樱桃木的弧形反声板

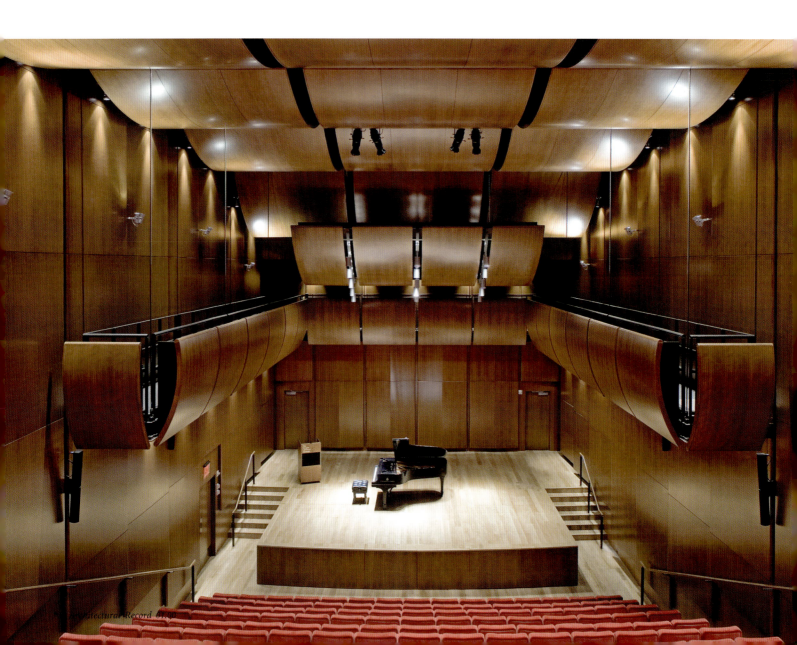

皮亚诺在麦金楼与1928年加建之间插入20ft的立方体顶光照明的展厅（右图），用于陈列金属雕塑和珐琅宝物

一座手稿新展厅位于入口馆的二楼（上左图），Imrey Culbert建筑事务所负责其展览设计

群中流线的微小不适也让他们觉得正获特许进入一个传奇性的金融巨头的高度个人化的内部圣所。现在，你从麦迪逊大街进入，先是通过一个包裹着温暖樱桃木的低顶棚入口，然后到达一个玻璃和钢的酷盒子，咖啡厅的桌椅密集地排在一边，靠着波特曼酒店式的玻璃电梯。博物馆的访客一进门，迎面而来的是食物的气味和许多人就餐的景象，而不是历史性室内装潢的魅力。去摩根的书房、图书馆和那些展厅的路仿佛成了次要的东西，几乎隐没在两个角落里。令人遗憾的是，摩根已屈从于时风，让诸如餐饮设施这样取悦人群的东西登堂入室，抢了展览空间的风头，让·努韦尔工作室（Atéliers Jean Nouvel）设计的位于马德里的索非亚王妃艺术中心（National Museum Centro de Arte Reina Sofía）亦为明证。

在摩根，比例不是问题：皮亚诺赋予插建部分的钢制面板和玻璃棂条合宜的尺度，将其悄悄整合入历史建筑中。由于三座老建筑间为玻璃围合的开敞空间和联系通道，它们仍是分立的华厦。在安全楼梯中，通常的不透明踢面会阻隔通往中庭内外的视线，皮亚诺以玻璃踢面替代，保持了其闻名的透明性。

这种透明性对摩根的信托人尤其有吸引力，他们希望这一机构显示出更强烈的开门迎客的姿态。据自1987年起担任馆长的小查尔斯·E·皮尔斯（Charles E. Pierce, Jr.）说，以前，摩根的访客有"一臂之距"。现在，他觉得新摩根的开放感"使其成为这座城市生活的一部分"。但是，以不胜枚举的传统博物馆的方式欢迎公众，抹去了摩根的历史身份，纽约机构的多样性或有失落。希望当皮亚诺为波士顿的伊莎贝拉-司图亚特-嘉德纳博物馆（Isabella Stewart Gardner Museum）增添独立的新翼（约2011年完工）时，不再出现相似的身份失落。

材料/设备供应商

钢面板、幕墙、天窗系统：Josef Gartner & Co.

防火玻璃分隔、门：Technical Glass Products

可拆卸室内分隔：Tecno

涂料：Benjamin Moore

木门、柜和定做木工：Bauerschmidt & Sons

木地面：Haywood Berk

照明控制：Lutron

关于此项目更多信息，请访问 www.architecturalrecord.com 的作品介绍（Projects）栏目

韦斯/曼弗雷迪用混合了艺术与设计的奥林匹克雕塑公园证明他们是西雅图城市肌理的编织者

OLYMPIC SCULPTURE PARK
Seattle, USA
Weiss/Manfredi Architecture

作品介绍 PROJECTS

一条Z字形路径作为穿越公园的主要循环路线,但还有许多小路径为参观者游园提供了迂回蜿蜒的路线和多种其他路线的选择。

公园对社会免费开放,可从北部的入口展馆进入,南部有多个入口,也可进入公园。火车轨道和城市街道直接穿越了整个基地

亲水步道（上图）整日对公众开放，成为联系北部默特尔·爱德华兹公园(Myrtle Edwards Park)的要道。艺术展览随时更换，而馆藏作品主要包括Roxy Paine的"钢铁树"、亚历山大·考尔德的"鹰"（两张近右图），以及特雷斯塔·费尔南德斯的"西雅图覆盖云"（最远右图），为铁路桥（对面下图）增添了生机

By Clifford A. Pearson 王衍 译 吴洪德 校

最近建筑师们常常谈论"景观"。这个词汇正在以各种不同的方式被人们所运用,因此要理解它们究竟是什么意思十分困难。它提出的内容是直译的还是隐喻的?内容是否同时包含了建筑物及其地形?这是否又仅仅是一种奇特的描述"文脉"[1]的方式?美国建筑师学会会员(AIA)马里恩·韦斯及其搭档——美国建筑师协会资深会员(FAIA)迈克尔·曼弗雷迪,从设计弗吉尼亚的阿灵顿国家公墓的女性纪念馆(隐藏在半圆形遗留挡土墙后的现代展览会议设施)开始,到纽约伊萨卡岛上的地球博物馆(该馆沿着山腹层叠而下,创造了一个人工峡谷),花费了职业生涯的大多数时间与"景观"这个含糊的概念做斗争。这次花费8500万美元设计建造的西雅图奥林匹克雕塑公园在混合建筑与景观这个概念上走得更远,他们在这个混合的基础上又叠加了艺术品和城市交通网络。尽管一些其他建筑师一直致力于模糊这些概念要素的边界,韦斯/曼弗雷迪更倾向于将它们编织在一起,缝合处与缝线显露无疑。

雕塑公园占地8.5英亩之巨,其基地紧靠着整修与"中产阶级化"后(gentrified)[2]的贝尔敦(Belltown),并俯瞰皮吉特湾(Puget Sound)。在20世纪的大多日子里,这块基地的产权属于加利福尼亚州石油联盟(UNOCAL),并一直被用作燃料储存和运输。到了上世纪90年代,UNOCAL和美国政府合作,将12万t被石油污染的土地移除,并准备将基地出售给开发商建造公寓大楼。不过西雅图美术馆对此有别的打算。美术馆的主席乔恩·舍利(微软前任首席执行官)于1999年捐赠了1700万美元买下了这块土地,试图创造一片室外场地用于雕塑展览。为此,美术馆举办了一次国际设计竞赛,有52个设计公司参加,最终,韦斯/曼弗雷迪以他们具有说服力的规划赢得了竞赛(左中图)。他们设计了Z字形的路径,定义展示艺术的空间序列,并将参观者从城市边缘引入水岸边。

尽管如此,这块基地仍然给设计者提出了严峻的挑战。虽然UNOCAL已将被污染的土方移除,工程承包人却必须重新置土,重建防波堤坝,为年幼的大马哈鱼创建水下的栖息场所。这份产权地内还包括运营中的铁路以及一条穿越的城市主干道——埃利奥特大街(Elliott Avenue)。铁路和街道平行于水岸穿过基地,将其分割为三块,在建设期间以及建成之后都必须正常运转开放。韦斯和曼弗雷迪运用Z字形的路径解决了这些障碍。这个简便而又在视觉上具有冲击力的设施首先跨越埃利奥特大街,接着是铁路,最终成为统一整个规划的基本要素。他们强调了对场地的切割,通过建造成角度的挡土墙承重墙,支撑起由预置混凝土板搭建的倾斜的路径,使街道和铁路得以在路径下面正常运作。这种方式同时也增强了层叠的概念。

曼弗雷迪说:"城市设施中并没有太多室外艺术展出地的典范",这使得他的公司必须在设计这个项目中探索出先例。大多数著名的雕塑公园,如纽约蒙坦维(Mountainville, NY)的风暴之王艺术中心(Storm King Art Center),都是田园式的布局。甚至华盛顿特区的希斯康雕塑花园(Hirschhom's sculpture garden)也脱离国立购物商场位于一个下沉广场中,好似从城市中被移除。

伟斯则解释道:"对(西雅图)基地来说,处理问题的两个最明显的办法一是创建三个由桥所连接的庭园,二是把公园看作是架设在铁路和街道上的一个完整的平台。"但韦斯和曼弗雷迪并不喜欢这两者中的任何一个。取而代之的是,

20世纪的大部分时间里,这块8.5英亩的土地一直用作燃料储存和运输设施,将城市与水岸(右上图)分离。韦斯和曼弗雷迪最初的设计(右中图)设想了一个连续的景观用来处理从公园东侧向水岸跌落的40ft高度。建造完成后,公园(右下图)不仅成为一个艺术品的集散地,而且包含一座新的防波堤,为大马哈鱼提供了栖息场所,同时还在北部创造了一个崎岖的海滩用来捕获漂浮的大型圆木

项目: 奥林匹克雕塑公园,西雅图,华盛顿州

业主: 西雅图美术馆

建筑师: 韦斯/曼弗雷迪建筑景观城市设计——设计合伙人:马里恩·韦斯,AIA;迈克尔·曼弗雷迪,FAIA;项目经理:Christopher Ballentine;项目建筑师:Todd Hoehn, Yehre Suh;

请在我们的主页中查阅设计团队信息。

工程师: Magnusson Klemencic Associates(结构、土建);ABACUS(机械、电气)

顾问: Charles Anderson(景观);Aspect(环境)

建设承包: Sellen Construction

展馆的入口构成了观看水景的画框（上图）。尽管理查德·塞拉的"觉醒"（左）和考尔德的"鹰"（下图）都不是公园的委托设计作品，但它们都好像已经差不多和公园和谐一体，难舍难分了

他们决定"建立一种新的地形秩序"(to create a new topography)，用来处理从公园东侧（西部大道）向西边水岸的40ft高度落差，使公园的不同部分可以得到山、水及城市等不同的景观视野。通过旋转Z字形路径的角度，建筑师同时创造了强制性的透视，使得景观看上去比实际更远，基地也更大。他们也在设计之初就决定穿越公园景观的火车和汽车必然成为公园的重要组成元素。为此，曼弗雷迪表示："我们不会为它们感到羞愧。[4]"

西雅图美术馆馆长米米·加德纳·盖茨表示："我喜欢韦斯和曼弗雷迪这种拥抱城市交通以捕获城市活力的方式。"最终，建筑师不仅打开了通向过路汽车和火车的视线，同时还大量运用了工业材料，如建造挡土墙所使用的预制混凝土、位于铁路桥西面端头的楼梯和塔采用的现浇混凝土，以及在基地最高处的建造桥体和展厅入口所采用的玻璃和钢。

"在考虑建造雕塑公园之前，我们一直在寻找一种将艺术引入社区的方式。"盖茨回想道。舍利和他的博物馆董事会同事弗吉尼亚·莱特为室外雕塑贡献了部分收藏，同时西雅图公共土地信托（TPL）[5]也将UNOCAL的基地定位为理想的地点。 这些努力最终促成了这个雕塑公园。"我们将公园视为改变周边的催化剂。这是一个将城市带入水景的方式。"克里斯·罗杰斯解释说。他在TPL工作多年，并且现在是博物馆投资方案的主管。

韦斯/曼弗雷迪的策略是创造一个连续的景观，其不断折叠及转折为现代雕塑的排列和土生植物创造了一个系列室外空间。一些艺术作品由公园全权委托（委托的目的是使建筑师能够配合作品进行展场设计）展出，包括马克·迪翁的名为"Neukom Vivarium"的暖棚（暖棚里存放着一条60ft长的腐木装置）以及特雷斯塔·费尔南德斯的"西雅图覆盖云"（Seattle Cloud Cover），这个作品是将彩色

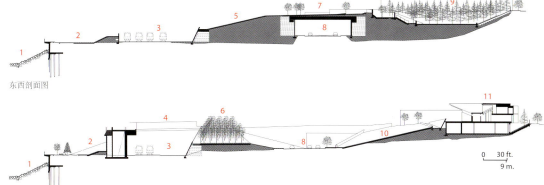

东西剖面图

可容纳50辆车的停车场及其入口坡道均隐藏于展馆下方（上图）。展馆分裂的屋顶和光滑的玻璃形成了一种折叠景观（下图），好似在照应穿越整个公园的Z字形路径。建筑和公园一样采用了相似的工业材料的色调

1. 复原的海岸线和水生动植物栖息地
2. 海岸区
3. 铁路线
4. 铁路桥
5. 草地
6. 小树林区
7. 埃利奥特大街桥
8. 埃利奥特大街
9. 谷地
10. 东部草地
11. 展馆和车库

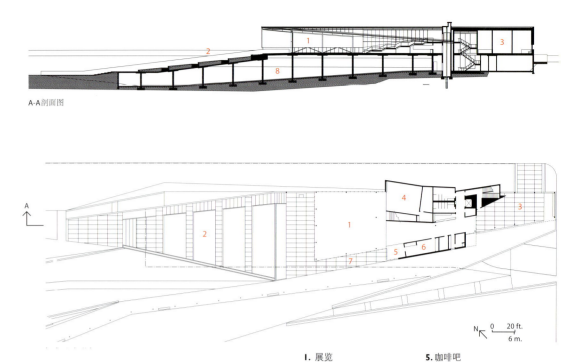

A-A剖面图

展馆东侧，定制的玻璃立面和半透明镜面玻璃的竖线条在白天捕捉着运动的感觉，而在晚上则发出光晕（上图）。建筑师希望公园的设计语汇能够"移居"到展馆中来（下图）

1. 展览
2. 露天剧场/平台
3. 入口广场
4. 教室
5. 咖啡吧
6. 备餐室
7. 露天咖啡吧
8. 停车

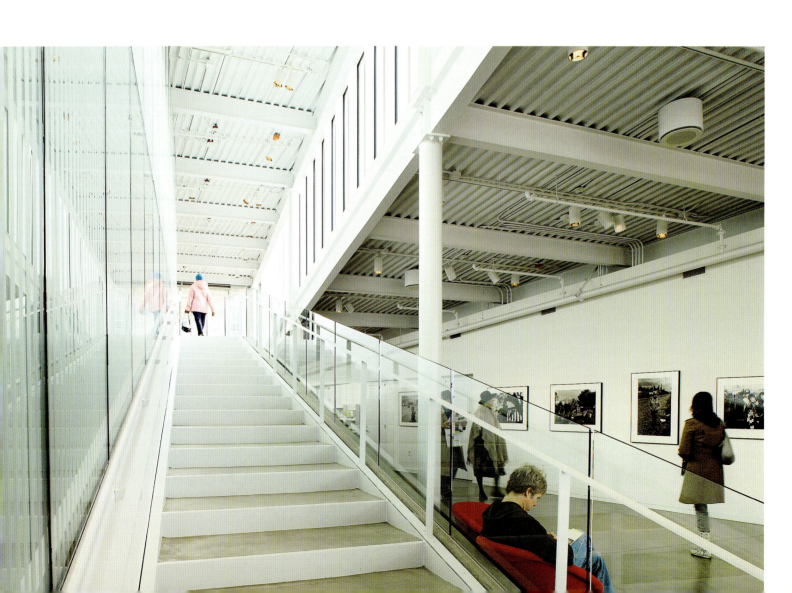

的胶片拼图置入覆盖桥体长玻璃墙体中,桥体则跨越过基地内的铁轨。其他作品如理查德·塞拉的"觉醒"(Wake)和亚历山大·考尔德的"鹰"(Eagle),安放得极为完美,以至于它们看起来也好像是为公园特别设计的。罗杰斯还这样描述,植物讲述了一个从山到海的故事,因为它们从高处的城市边缘连续至水岸。因此,参观者可以在靠近西部大道处找到西雪松、铁杉以及花旗松,并且在托尼·史密斯的作品"流浪石头和讽刺者"(Wandering Rocks and Stinger)周围的树林中找到山杨木。最终,在海岸处找到由海带海藻组成的潮汐花园,以及一些其他水生植物构成的潮汐景观区域。

如同公园自身一样,位于西部大道的入口展馆也好似折叠的景观,成角的屋顶创造了一个金属的地形以及用来观看场地和海湾的强制性透视。3.4万ft²的展馆容纳了展览空间、一个咖啡吧、一个位于底层的博物馆商店和楼上的办公室。建筑师将能容纳50辆车的停车场置于展馆底下。沿城市的立面中,波纹钢以及内贴竖向半透明反射镜子条带的玻璃材质反射了街道中汽车和行人的运动,创造出一种视觉韵律。而在公园一侧,这个建筑更为透明,在塞拉制作的耐候刚材料的波纹状纪念雕塑前,18ft高的玻璃门向着一个台阶式的平台敞开。

韦斯/曼弗雷迪的景观尽管是连续的,却也充满了插曲。随着参观者的移动,它为参观者创造了极为离散的空间体验。如,从塞拉作品的西边有墙的花园到进入亮红色考尔德作品的开敞草皮,最终到散满浮木的海滩。这些多样的空间被一

3.4万ft²的展馆主楼层提供了会展和大型活动的场地、咖啡吧的座位、光滑玻璃立面的教室,以及佩德罗·雷耶斯的一幅图形作品"墙上的进化城市"(Evolving City Wall Mural)(上图)

些基本元素所连接,如桥、下到铁路桥的混凝土阶梯,以及预制混凝土挡土墙。这些基本元素给景观带来了尺度参照,并将缝合的状态表露无疑。而火车与汽车在下面穿过,赋予缝合处以生机。这是一座城市公园,它并没有带你远离反而带你近距离地接触那些你从没有想过可以在一起运作的东西:雕塑、火车、山杨木、预制混凝土板,以及砂粒铺设的Z字形路径。

译者注

[1] context一词的中文翻译国内常用"文脉",准确意思是建筑作为承接现代性的功用,而不是反映某种已经消失的历史。

[2] 戴维·哈维的《社会正义、后现代主义和城市》(朱康译)一文中,译者将gentrify一词译作整修与"中产阶级化",注解中说明,将以前工人阶级居住区或市中心贫民居住区改建成中产阶级居住区,这是该词的完整意思。

[3] Jon Shirley 1983~1990年担任微软首席执行官,1990年以后为董事会成员。

[4] 指让城市公共交通设施穿越纯粹的景观建筑。

[5] 公共土地信托(Trust for Public Land,简称TPL)就是一个国家性的非盈利组织,它和一些政府机构以及私人土地所有者合作,致力于土地资源的保护和土地的公众使用。

材料/设备供应商			
加筋土:	SierraScape	定制的树脂桌面和柜台:	ATTA Inc.
波纹不锈钢面板:	McKinstry Co.	定制金属家具制作:	Company K
铝制幕墙:	Kawneer	焊接的金属丝网扶手:	Ametco
镜面反射玻璃:	Eckelt Glas GmbH	跟踪照明:	Litelab
		照明控制:	Lutron Electronics

产品亮点　　　　　　　　　　　广告版

发布信息，请联络 Lulu An
电话: 001.212.904.3491/传真: 001.212.904.3493
lulu_an@mcgraw-hill.com

玻璃，涂料，油漆，PPG 的解决方案
PPG Industries

创建于1883年，PPG工业公司，拥有资产95亿美元，其制造业涵盖涂料、玻璃、玻璃纤维和化学产品。PPG在全球设有170家工厂，34000名雇员，在世界各地均设有研究和开发中心。

PPG是世界上最具经验和创新精神的建筑材料制造商之一，提供各种节能的建筑玻璃产品、性能卓著的金属涂料以及符合于PPG环保生态要求的建筑油漆。

86-21-6387-3355, 86-137-0194-7559
www.ppgideascapes.com

台面安装自动感应龙头，光能驱动，适用于单冷或冷/热水的场所
仕龙阀门水应用技术（苏州）有限公司

EAF 275 产品性能:
- 一体式防破坏防潮感应结构，所有部件在龙头体内预装，有效保护感应元件
- 配有动态感应器，可自动调节感应距离
- 智能按钮，智能实现功能（与感应器一体）
- 持续流水超过3分钟会自动关闭
- 配备稳定可靠的电磁阀
- 光能驱动，正常情况下使用可延迟电池寿命达3年
- 配有弱电指示灯
- 带滤网的耐压软管
- 内置止回阀（冷热水型）

86-512-6843-8068
www.sloan.com.cn

独树一帜，难以匹敌！
Durcon Incorporated™

Durcon是世界最大的实验室工作台面供应商，并且在工作台面设计创新上保持领先，Durcon不仅致力于产品更新，更关注客户的满意度。除了建立环氧树脂实验室工作台面的国际标准，我们还开发了DropIn® 水槽，各种具现代感的工作台颜色，人类工程学Contoura® 桌面，减震平衡桌，集挡水边沿为一体的工作台。

512-595-8000
www.durcon.com